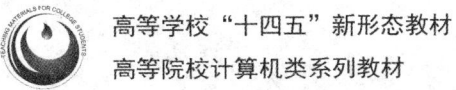
高等学校"十四五"新形态教材
高等院校计算机类系列教材

程序设计基础

主　编　肖　斌
副主编　刘忠慧　梁　晓　温柳英
　　　　杨　力　高　磊

中国石油大学出版社
CHINA UNIVERSITY OF PETROLEUM PRESS

山东·青岛

图书在版编目（CIP）数据

程序设计基础／肖斌主编． -- 青岛：中国石油大学出版社，2021.9

ISBN 978-7-5636-7282-0

Ⅰ.①程… Ⅱ.①肖… Ⅲ.①程序设计 Ⅳ.① TP311.1

中国版本图书馆 CIP 数据核字（2021）第 207627 号

书　　名：程序设计基础
　　　　　CHENGXU SHEJI JICHU
主　　编：肖　斌
副 主 编：刘忠慧　梁　晓　温柳英　杨　力　高　磊

责任编辑：袁超红（电话　0532-86981532）
封面设计：青岛友一广告传媒有限公司

出 版 者：中国石油大学出版社
　　　　　（地址：山东省青岛市黄岛区长江西路 66 号　邮编：266580）
网　　址：http://cbs.upc.edu.cn
电子邮箱：shiyoujiaoyu@126.com
排 版 者：青岛幔际信息科技有限公司
印 刷 者：青岛北琪精密制造有限公司
发 行 者：中国石油大学出版社（电话　0532-86981532，86983437）
开　　本：787 mm×1 092 mm　1/16
印　　张：16
字　　数：399 千字
版 印 次：2021 年 9 月第 1 版　2021 年 9 月第 1 次印刷
书　　号：ISBN 978-7-5636-7282-0
定　　价：39.00 元

前言

　　程序设计基础是计算机大类相关专业的专业基础课程与核心课程之一。本教材聚焦于程序设计思维的建立，打破传统的编程入门教材被零散语法规则所束缚的不足，力求实现从现实世界到逻辑世界求解思维的转换，取其灵魂，通过 C 语言与实际问题的结合，深入剖析用程序语言表达思想的方法与技术。本教材力图通过计算思维用最简明的语言、最典型的实例及最通俗的解释将程序的趣味性挖掘出来，带给读者全新的学习体验，以更扎实和更便捷地掌握计算机编程规范，形成分析和解决实际问题的工程应用能力。

　　本教材根据高等院校 C 语言程序设计课程的教学需求进行编写。全书共分 11 章，第一章主要介绍 C 语言程序设计概况、开发步骤和开发工具，第二至第四章介绍变量和数据类型、运算符与表达式、基本输入输出函数，第五至第七章分别介绍面向过程程序的顺序、选择和循环控制结构，第八至第十一章分别介绍函数、数组、指针和结构体。每章附有小结和练习题，附录提供 C 语言相关标准文件及调试说明。

　　本教材主要特点有：

　　（1）以实际问题求解过程为引导，按照计算思维、工程思维的求解过程，展现现实世界到逻辑世界的映射。强调问题的分析和程序的设计，并将软件工程的思想方法及编程规范融入教材，提高教学的工程应用性。

　　（2）不过分强调具体语法的讲解，而是强调动手实践编程，通过对大量案例的剖析和求解，引导读者在实际运用中掌握语法，以避免语法阐述的枯燥乏味，使编程学习更加生动并更具探索性。

　　（3）将作者的程序设计经验和教学经验总结融入教材之中，让教材内容体现对程序错误的分析，探索问题的本质，以通俗易懂的方式展现大量的分析解读，帮助读者理清头绪、澄清概念，抓住问题的本质，从根源上解决编程问题，达到事半功倍的效果。

　　（4）教学案例包括工程案例和算法案例，以全方位训练读者的计算思维和工程思维能力，形成解决实际问题的能力。

　　（5）教材习题来源于一线教师从学生中收集反馈的问题，更具有针对性，更易检测读者是否掌握相关知识以及对应的编程分析设计能力。

（6）配套丰富的教学资源，如学生信息管理系统综合案例、程序源代码、多媒体课件、教学微视频，以丰富教学需要以及满足读者线上学习的需要。

本教材融合了程序设计基础课程相关一线教师多年的教学经验，基于对学生学习过程中易出现的问题和学习弱点的分析，从初学者的角度出发，以C语言为依托，精炼C语言教学内容，在确保知识体系完整的前提下，放弃目前主流编程使用较少而又晦涩难懂的内容，从而使全书内容既不过于复杂，又能满足实际需要。本教材可作为高等院校相关专业本科生C语言程序设计课程的教材，也可供对程序设计感兴趣的读者参考。

本教材由西南石油大学肖斌担任主编，刘忠慧、梁晓、温柳英、杨力、高磊担任副主编。其中，肖斌编写第六、七章和第八章，温柳英编写第一、第二和第三章，梁晓编写第四和第五章，刘忠慧编写第九章，杨力编写第十章，高磊编写第十一章，全书由肖斌统稿并定稿。

限于时间及编写经验，书中难免存在错误和不足之处，请同仁和读者予以批评指正。

编　者
2021 年 7 月

目录

第一章 "外星语言"的第一次亲密接触
——计算机程序设计

第一节 揭开"外星人"的神秘面纱 / 1
第二节 中国软件的腾飞之路 / 3
第三节 不以规矩 不能成方圆——C 语言简介 / 4
第四节 会当凌绝顶 一览众山小——C 程序结构 / 6
第五节 庖丁解牛——简单的 C 程序 / 7
第六节 循序渐进——C 程序开发步骤 / 9
第七节 工欲善其事 必先利其器——VS2015 IDE 开发工具介绍 / 11
本章小结 / 17
练习题 / 17

第二章 千里之行 始于足下
——C 语言变量和数据类型

第一节 物以类聚——数据类型 / 19
第二节 追根溯源——变量定义和赋值的本质 / 24
第三节 眼见未必为实——常量 / 29
第四节 近墨者黑 近赤者红——数据类型转换 / 32
本章小结 / 35
练习题 / 35

第三章 万丈高楼平地起
——运算符与表达式

第一节 用发展的眼光看算术运算符 / 39
第二节 机器人的逻辑——逻辑运算符 / 42
第三节 关系运算符 / 44
第四节 赋值运算符 / 45
第五节 其他常用运算符 / 46
第六节 运算符的运算规则 / 47
本章小结 / 48
练习题 / 48

第四章 以人为本
——基本输入输出函数

第一节　人性化的输出函数 printf / 52
第二节　拒绝硬编码的输入函数 scanf / 54
第三节　字符与字符串的输入输出函数 / 57
第四节　将探究进行到底——scanf 字符输入问题 / 58
第五节　学生信息管理系统中输入输出函数的应用 / 61
本章小结 / 63
练习题 / 63

第五章 匠心的起航之路
——顺序结构

第一节　匠心之编程规范 / 67
第二节　全局观之 C 语言程序结构 / 70
第三节　匠心的历练——顺序结构实例 / 71
第四节　学生信息管理系统中顺序结构的应用 / 77
本章小结 / 79
练习题 / 79

第六章 鱼和熊掌不可兼得
——选择控制结构

第一节　if 单分支语句 / 81
第二节　if … else 双分支语句 / 83
第三节　if … else if … else 多分支语句 / 85
第四节　switch 语句 / 88
第五节　实践是检验真理的唯一标准——选择结构实例 / 92
第六节　学生信息管理系统中选择结构的应用 / 95
本章小结 / 101
练习题 / 101

第七章 匠人愚公移山之坚持
——循环控制结构

第一节　for 循环 / 106
第二节　while 循环 / 109
第三节　do … while 循环 / 110
第四节　循环控制语句 / 112
第五节　实践出真知——循环实例 / 115
第六节　学生信息管理系统中循环结构的应用 / 126
本章小结 / 129
练习题 / 129

第八章 分而治之　各个击破
——函数

第一节　系统函数 / 135
第二节　自定义函数 / 136
第三节　参数的传递 / 138
第四节　函数的返回 / 141
第五节　变量作用域 / 141
第六节　递归函数 / 145
第七节　函数设计原则 / 148
第八节　函数应用实例 / 150
第九节　学生信息管理系统中函数的应用 / 157
本章小结 / 161
练习题 / 161

第九章 物以类聚
——数组

第一节　一维数组 / 166
第二节　数组在函数中的应用 / 171
第三节　字符串 / 172
第四节　字符串输入输出 / 174

第五节　一维数组应用实例 / 177
第六节　二维数组 / 185
第七节　学生信息管理系统中数组的应用 / 187
本章小结 / 192
练习题 / 192

第十章　透过现象看本质
——指针

第一节　指针变量的定义 / 197
第二节　指针变量的初始化与赋值 / 198
第三节　NULL 指针 / 200
第四节　指针的算术运算 / 201
第五节　指针与函数 / 204
第六节　指针与数组 / 211
第七节　指针与字符串 / 215
第八节　指向指针的指针 / 216
第九节　指针实例 / 217
第十节　学生信息管理系统中指针的应用 / 219
本章小结 / 221
练习题 / 221

第十一章　整体与部分的辩证统一
——结构体

第一节　结构体的定义 / 224
第二节　结构体的初始化 / 227
第三节　结构体成员的访问 / 228
第四节　结构体用作参数 / 229
第五节　结构体实例 / 234
第六节　学生信息管理系统中结构体的应用 / 235
本章小结 / 240
练习题 / 240
附　录 / 242
参考文献 / 246

第一章

"外星语言"的第一次亲密接触
——计算机程序设计

计算机能言会道、能歌善舞、能写会算,看上去无所不能,人们称之为"神秘的外星人"。然而,当揭开其神秘的面纱就会发现,计算机的智能都是人类赋予的,计算机实际上是一个"老实人",它只能按部就班地按照人类的指挥,老老实实地完成相关的工作。人类是通过计算机程序让计算机充满了传奇,计算机的所有功能都是通过程序来实现的,没有程序,计算机将一无是处,不能做任何工作。程序本质上是与计算机交流的语言,如同人与人之间交流沟通需要用语言一样,如汉语、英语、法语、德语等。因此,计算机如同一类特殊的"外星人",也可称为机器人,其要表达自己的思想就需要程序来实现,从而也就需要组织程序设计语言。程序设计语言的魅力之一是可以通过组合这些语言来形成程序,赋予计算机智能,指挥计算机工作,让计算机完成我们交给它的任务。

你想拥有驾驭计算机的能力吗?你想成为计算机的真正主人吗?从现在开始,本教材将带你进入"外星人"的语言世界,掌握编程并享受软件开发的乐趣,挖掘计算机的深层价值。

第一节 揭开"外星人"的神秘面纱

计算机(computer)全名电子计算机,通常称为电脑,是一种能够按照程序运行,自动、高速处理海量数据的现代化智能电子设备。计算机的应用已渗透到社会各个领域,改变着人们的工作、学习和生活方式,推动着社会的发展(图1-1)。

一、计算机的应用

1. 科学计算

科学计算也称数值计算。计算机最开始是为解决科学研究和工程设计中遇到的大量数学问题的数值计算而研制的计算工具。例如,人造卫星轨迹的计算,房屋抗震强度的计算,火箭、宇宙飞

图1-1 计算机的应用领域

船的研究设计都离不开计算机的精确计算；每天收听收看的天气预报也离不开计算机的科学计算。

2. 数据处理

在科学研究和工程技术中会得到大量原始数据，其中包括大量图片、文字、声音等信息。数据处理是对这些信息数据进行收集、分类、排序、存储、计算、传输、制表等操作。

3. 自动控制

自动控制是指通过计算机对某一过程进行自动操作，它不需人工干预，能按人预定的目标和预定的状态进行过程控制。例如，无人驾驶飞机、导弹、人造卫星和宇宙飞船等飞行器的控制都是靠计算机实现的。

4. 计算机辅助设计

计算机辅助设计（computer aided design, CAD）是指借助计算机的帮助，人们可以自动或半自动地完成各类工程设计工作。目前 CAD 技术已应用于飞机设计、船舶设计、建筑设计、机械设计、大规模集成电路设计等。采用计算机辅助设计可缩短设计时间，提高工作效率，节省人力、物力和财力，更重要的是能够提高设计质量。

5. 人工智能

人工智能（artificial intelligence, AI）是指计算机模拟人类某些智力行为的理论、技术和应用。例如，用计算机模拟人脑的部分功能进行思维学习、推理、联想和决策，使计算机具有一定"思维能力"。例如，中医专家诊断系统可以模拟名医给患者诊病开方；机器人、无人驾驶也是计算机人工智能的典型例子。

6. 多媒体应用

随着电子技术特别是通信和计算机技术的发展，人们已经有能力将文本、音频、视频、动画、图形和图像等各种媒体综合起来，构成一种全新的概念"多媒体"（multimedia）。例如，一些 flash 广告、网页游戏等。

7. 计算机网络

计算机网络是由一些独立的和具备信息交换能力的计算机互联构成，以实现资源共享的系统。例如，全国范围内银行信用卡的使用、火车和飞机票系统的使用等。

二、计算机的硬件和软件

计算机是人类活动的一种工具，这种工具由硬件和软件所组成。计算机硬件（computer hardware）是指计算机系统中由电子、机械和光电元件等组成的各种物理装置的总称。这些物理装置按系统结构的要求构成一个有机整体，为计算机软件运行提供物质基础。计算机通常由 CPU、主板、内存、电源、主机箱、硬盘、显卡、键盘、鼠标、显示器等多个部件组成。计算机软件（computer software）是使用计算机过程中必不可少的，它可以使计算机按照事先预定好的顺序完成特定的功能。计算机软件按照其功能划分为系统软件与应用软件。系统软件如 Windows, Linux, Unix, Mac, Android, IOS 等；应用软件如 Office, QQ 等。

计算机硬件本身如同一块"木头"，没有思想、没有灵魂。计算机的所有智能都是人类通过编写软件来赋予的，而每个软件都是由程序员按照工程方法开发的程序。没有程序，计算机将不能做任何工作。程序由若干条指令构成,指令也就是某种计算机语言。

计算机语言主要有机器语言、汇编语言、高级语言。计算机软件都是用各种计算机语言编写的。最底层的称为机器语言,它由0和1组成,可以被计算机直接理解,但人则很难理解,如同"天书"(图1-2)。机器语言的上一层语言称为汇编语言,机器语言只有被某种计算机的汇编器软件翻译成机器语言程序后才能执行。人勉强能够理解汇编语言,但汇编语言与人的思维习惯差异较大,故理解难度很大。软件开发人员常用的语言是更上一层的高级语言,如C,C++,C#,Java等。高级语言最接近人的思维习惯,人最容易理解。这些语言编写的程序一般能在多种计算机上运行,但必须先由一个称为编译器或解释器的软件将高级语言程序翻译成特定的机器语言程序。

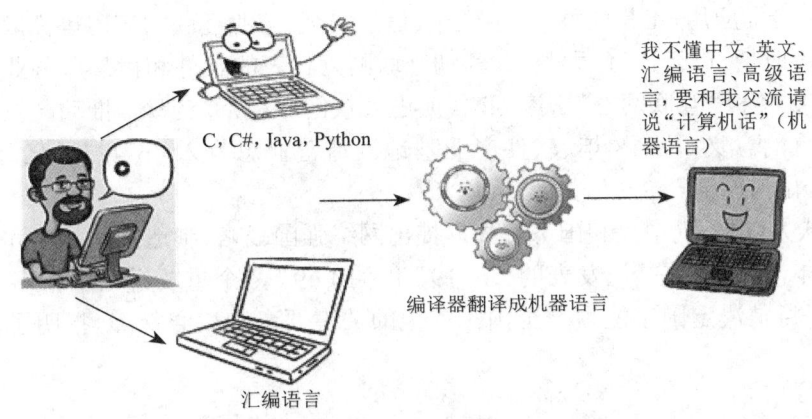

图 1-2 计算机只能直接识别由 0 和 1 构成的机器语言

高级语言和汇编语言都不是二进制代码,计算机无法识别。编译器可以将高级语言翻译成二进制的机器语言。编译器翻译后对应的机器语言程序称为目标程序,而由高级语言和汇编语言写的程序称为源程序。

C语言就是"机器人"语言的一种,是一门高级编程语言,可用于人与计算机之间的沟通。C语言是当代优秀的高级程序设计语言之一,广泛用于系统软件与应用软件的开发。C语言是所有编程语言中的经典,很多高级语言都是从C语言拓展、繁衍出来的,如C++和C#等。本教材将介绍如何用C语言完成程序的设计和开发。

第二节　中国软件的腾飞之路

软件是计算机的灵魂,中国信息化的建设也离不开中国软件的发展。1978年,神州大地吹响了改革开放的号角,"实践是检验真理的唯一标准"成为撬动改革开放的哲学杠杆,信息时代的来临使各国在科技、人才领域内的竞争风起云涌。

中国软件发展史

1983年,严援朝开发出了CCDOS软件,解决了汉字在计算机内存储和显示的问题,具有划时代意义。同年,王永民发明了"五笔字型",为后来的中文输入奠定了基础,1988年,吴晓军升级了CCDOS汉字系统,王江民于1989年推出了杀毒软件。从20世纪80年代开始,中国开启了国产软件业的黄金时代。在那个时代,从科学技术就是生产力的提出到一项项政策的出台,党和国家给予了软件行业最大支持。1989年,当时的电子工业部向国务院提出要有我们自己的企业、要有我们自己的产业基地、要有我们自己的发展环境,建立和发展我国软件产业。1996年,成立沈阳东大软件园、济南齐鲁软件园、成都西部软件园、长沙创智软件园四大软件基地,目前全国软件产业基地已达44家。国家在投融资、税收、人才培养、知识产权保护、行业管理等方面投入资源,取得了显著成就,软件产业规模从2000年的593亿元增长到2004年的2 300亿元,到2013年则达到3.06万亿元,增速迅猛。虽然2016年整体经济增长放缓,但软件行业依然保持快速增长态势,中国软件行业共实现业务收入4.9万亿,同比增长14.9%。2017年,软件行业营收达到5.5万亿元,再创新高,基础软件、企业应用、工具软件、数字娱乐、信息安全、工业互联网应用等都取得了重大突破。"十三五"时期,以云计算、大数据、移动互联网为代表的软件和信息服务业对推进落实"中国制造2025"和"互联网+"国家战略,促进大众创业和万众创新,推动产业转型升级均具有举足轻重的意义。2018年,软件产业基地创造营业总收入46 423.5亿元,净利润达6 330.7亿元,出口创汇548.6亿美元。

党的十八大以来,党中央和国务院先后提出网络强国战略、制造强国战略和国家大数据战略。2016年,习近平总书记发表的"4·19"和"10·9"两个重要讲话中指出,未来"无处不在"的软件将是决定国家能力乃至国家安全的关键要素和核心保障,指明了软件产业的重要地位。

第三节 不以规矩 不能成方圆——C语言简介

自然语言是人类沟通所使用的指令,是人类进行沟通表达的方式和工具。语言的三要素是语音、语法和词汇,是由词汇按一定的语法所构成的语音表义系统。就广义而言,语言是采用一套具有共同处理规则来进行表达的沟通指令,指令会以视觉、声音或者触觉方式来传递。而对计算机来说,与计算机沟通也需要通过语言来进行,称之为机器语言。同是语言,都具有语言的一些特性,也就是需要有相应的使用规则。这种规则使得全世界的编程人员拥有一个公共的规范来遵循,这样编程人员也才能进行有效的交流、合作及沟通。同时,在使用过程中C语言的相应规范也在发生改变。

一、C语言的发展历史

C语言的原型ALGOL60语言(亦称为A语言)是最早的块结构语言。

1963年,剑桥大学将ALGOL60语言发展成为CPL语言。CPL语言的最大缺点是太大,以至于不能在很多应用程序中使用。

1967年,剑桥大学的Martin Richards对CPL语言进行了简化,产生了BCPL语言,但其运行很慢。

1970年,美国贝尔实验室的Ken Thompson对BCPL进行了修改,提炼CPL语言的精华并起名为 B 语言，并用 B 语言编写了第一个 Unix 操作系统。但是它的字符处理机制太差，且浮点数运算实现得并不理想，处理指针时开销太大。

1972 年左右，美国贝尔实验室的 D. M. Ritchie 在 B 语言的基础上最终设计出一种新的语言，取名为 C 语言。

1977 年，为推广 Unix 操作系统，Dennis M. Rithie 发表了不依赖于具体机器系统的 C 语言编译文本"可移植的 C 语言编译程序"。

1978 年，美国电话电报公司（AT&T）贝尔实验室正式发表了 C 语言，同时 B. W. Kernighan 和 D. M. Ritche 合著了著名的 The C Programming Language 一书，通常简称为"K&R"，也有人称为"K&R"标准。但是"K&R"中并没有定义一个完整的标准 C 语言。

1983 年，为避免各开发公司所用的 C 语言语法产生差异，美国国家标准学会（American National Standards Institute，ANSI）在"K&R"的基础上制定了一个 C 语言标准并发表，通常称为 ANSI C，又称 C89。

1999 年，国际标准化组织（International Organization for Standards，ISO）发布 C 语言标准 ISO/IEC9899：1999，又称 C99。

2011 年，ISO 正式发布新的标准，称为 ISO/IEC 9899: 2011，简称 C11。

在计算机编程语言的以上发展过程中，理解这些组织、标准是非常必要的。在以后的学习中会发现，不同的项目、不同的团体、不同的个人都会选择不同的开发环境，而在一个 C 编程工具中写的代码能正常运行，但放到另一个 C 编程工具中却可能无法编译。这是因为不同的开发工具、不同的工具版本遵循的标准不一样。这些标准实际上就是大家说的 C 语法规则（如同英语语法规则），开发工具中提供的编译器程序就是按照这个标准和尺度来检查 C 程序的。不同开发工具中的编译器可能遵循的检查标准不一样，于是就会出现上面的问题。

规则不一样，得到的结果可能也不一样。比如同一名学生，在一些只关注学习成绩的老师眼里他就是一个差生，而看中德行的老师可能认为这是一名了不起的学生。因此，在使用 C 语言时一定要知道程序是按照哪个标准编写的（如本教材遵循的是 C89），也要知道所使用的开发工具支持的是哪个标准（如 VC 6.0 遵循 C89）。也就是说，评判标准是什么，就应该按照这个评判标准来写对应的代码。

C 语言在发展过程中的标准有 C89，C99 和 C11。C89 要求定义变量时一定要在源程序的开头，不能在程序中途定义，否则会出现语法错误，而 C99 则允许在程序中途定义。例如，C89 不允许定义 for(int i = 0; i < NUM; i++){ }，必须在源程序开头定义 int i，而 C99 则允许。这些规范遵循向下兼容，即按 C89 规范写的代码能在支持 C99 规范的编译器中被执行，但反之则不行。例如，for(int i = 0; i < NUM; i++) 在支持 C89 规范的工具中运行就会出现语法错误。

虽然 C 语言出现了 C89，C99 和 C11，但是现在看来这个规则很难再进行升级，特别是微软公司对 C99 和 C11 的特性基本不关心，所以本教材使用的微软开发工具主要支持的是 C89，而很多 C99 和 C11 标准它都不支持。其他开发工具也存在同样的问题，并不完全支持新标准。当按照这些规范在不支撑这些规范的开发工具中写代码时，编译器将会报错。（标准 C 的介绍可参考附录。）

二、C语言（C89）的特点

C语言（C89）的特点主要有：

（1）语言简洁，紧凑，使用方便灵活。C语言一共有32个关键字，9种控制语句，程序书写自由，主要用小写字母表示，并压缩了一切不必要的内容。

（2）运算符丰富。C语言共有34种运算符和10种运算类型。运用这些运算符可构成简洁且功能强大的表达式。

（3）数据类型丰富，具有现代语言的各种数据结构。C语言的数据类型有整型、实型、字符型、数组类型、指针类型、结构体类型、共用体类型，能实现各种复杂数据类型的运算，并引入指针概念，使程序效率更高。

（4）具有结构化的控制语句。结构化使程序层次清晰，便于使用、维护和调试。C语言以函数形式提供给用户，函数可方便调用。

（5）语法限制不太严格，程序设计自由度大。C语言允许直接访问物理地址，支持位（bit）操作，能实现汇编语言的大部分功能，可以直接对硬件进行操作。

（6）生成目标代码质量高，程序执行效率高。C语言一般只比汇编程序生成的目标代码效率低10%~20%。

（7）C语言编写的程序可移植性好，基本不用太多的修改就能在各种平台上运行。

三、C语言的应用现状

C语言在操作系统内核开发领域几乎是唯一开发工具，绝大部分操作系统是由C语言加上少量汇编语言开发的，如Linux、Windows和Unix等。C语言在嵌入式领域占有绝对优势，在网络服务器领域也具有相当大的优势，如Apache和Oracle。C语言常用于大规模、高性能计算、游戏开发以及一些传统的客户端软件和构件。

第四节　会当凌绝顶　一览众山小——C程序结构

C程序结构

无论是写中文作文还是写英文作文，或者写小说、写专著，都需要先搭建一个框架或目录结构，形成对整体的全局把控，以避免"只见树木不见森林"的形而上学的思想。写文章要弄清整篇文章的章节，然后才考虑段落以及构成段落的语句。同理，用C语言编写一个程序也类似用中文写一篇文章，需要弄清整个程序的文件结构，然后才关注文件中的函数以及函数中的语句。在学习C语言的过程中，首先要理解C程序的结构，做到高屋建瓴。当然，用其他语言做开发也是这个道理。

一个C语言源程序的基本结构如图1-3所示。从图中可知，C语言程序的基本组成单位是函数而不是语句，即一个源程序是由若干函数构成的。函数由函数头部开始，函数头部由函数名加括号构成，括号内是函数的参数。一个函数可能没有参数，也可能有多个参数。函数是一个功能模块，按计算机的输入、处理、输出操作流程来理解，这个函数要实现它的功能，往往需要数据的输入才能开始进行处理，所以参数主要用于输入数据的获取。当然，参数有时也可作为输出的作用来使用。需要注意的是,即使函数没有参数,括号()也不能省略。函数名后需要有一对大括号 {},组成这个函数的语句都放在这对括号中。

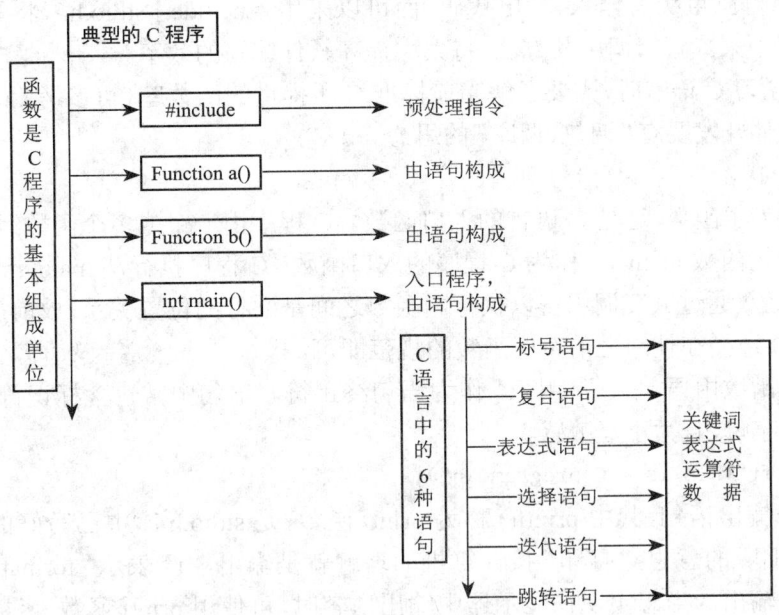

图 1-3　C 语言源程序的基本结构

第五节　庖丁解牛——简单的 C 程序

下面给出一个简单的 C 语言程序例子,该程序由一个 main 函数构成。

示例 1-1　解析简单 C 程序。

```
#include <stdio.h>
int main()
{
    printf("This is a C program.\n");// 输出引号内内容
    return 0;
}
```

这是一个最简单的 C 程序,其执行结果是在屏幕上显示一行信息:

This is a C program.

程序剖析:

- #include <stdio.h>

站在巨人的肩膀上将会取得更大的成功,在软件开发过程中同样如此。为提高开发效率,开发工具的开发商已将许多常用功能编写好,并封装在函数库中供开发者使用。stdio 就是已经写好的库函数包。其实库函数在命名上也是有讲究的。如 stdio 实际上可以看成 std

和 io 两部分。std 是 stdard 的简写，io 是 input outpunt 的简写。用简单的单词就描绘出该函数库的作用是进行标准输入、输出处理的。在编写程序时，在要实现输入、输出这些功能时，程序员不需要自己重头写输入、输出代码，而可以采用 #include <stdio.h>，将写好的程序模块包含到程序中来。直接调用其方法，将大大提高软件编写的效率。

因此，在学习 C 语言时，需要了解当前标准 C 所提供的函数库（可参考附录中头文件的介绍），进行软件开发要有"调包、调库"的思想。

- main()

main() 称为主函数，这是 C 语言的入口函数。C 程序由一个或多个函数组成，但必须有并只能有一个主函数 main()。作为 C 程序的入口函数，C 程序执行从 main 开始，也在 main 中结束，其他函数通过嵌套调用得以执行。函数之间是并行的位置关系，放前放后没有特别的要求，只需要遵循在使用之前声明函数的规范即可。

C 程序的函数由语句组成，用";"作为语句终止符。语句中常包含标识符的使用，标识符习惯用小写字母，且大小写敏感。

- printf("This is a C program.\n");

这是一个输出语句，其中 printf() 称为 printf 函数，是 stdio.h 库中已写好的函数。英文"print"是"打印"的意思，"打印"按计算机的理解就是输出，"f"表示"format"，"printf"整体就表示格式输出。当想实现在显示器中输出内容时，可使用 printf 函数，函数中用双引号包含的内容即要输出的内容。

"\n"看上去是两个字符，但实际是一个字符，其中的"\"称为转义字符，起改变字符"n"的作用，实现换行的功能，在输出时就是输出换行的效果。

- return 0;

return 也是函数特有的语句，称为返回语句。C 语言是结构化编程语言，结构体现在程序往往由很多函数构成，而一个函数往往充当一个计算模块，这个模块最终会得到一个值，供调用者使用。调用者如何拿到这个值呢？这就需要通过函数返回。同时，return 也表示函数调用结束。

- //

程序中的双斜杠起的是语句注释作用，不会被编译器编译，主要是便于程序阅读者方便理解代码，如"printf("This is a C program.\n"); // 输出引号内内容"，这样将便于程序阅读者了解 printf 的作用。注释实际上充当了程序说明书的功能。

"//"注释的是一行语句。如果要注释多行语句，则用"/*"和"*/"将要注释的内容包括起来。具体写注释的位置非常灵活，可以放在程序的任何位置。

在软件开发中，给代码加注释是一个很好的编程习惯，体现着"以人文本"的思想，与人方便的同时也可以给自己方便。有了注释，不管代码写了多久，当回头再读代码时，可以很容易就能读懂程序要完成的功能，从而方便对软件进行维护或改造。

这个例子说明在编写 C 程序时首先需要保证程序中有主函数，所以程序最基本的框架是：

```
#include <stdio.h>// 一系列可能会用到的函数包
int main()
{
```

一系列 C 语句；
　　return 语句；
}

函数中的语句如果是顺序结构，执行时会有严格的先后顺序，所以程序语句的编写逻辑应该与解决问题的思维逻辑一致，就像一天的生活逻辑，吃早饭、吃午饭、吃晚饭，是有先后的。

> **初学常见语法错误提示**
>
> （1）只要不是字符串中的内容，其他符号都应在英文状态下输入，如分号、引号和括号等。有时候中英文状态下的括号、分号区别不大，初学者常常很难发现问题出现在什么地方。
> （2）作为一句程序语句结束的标记，在语句中分号是必不可少的。
> （3）为提高代码的可读性，书写语句时一般一行写一句话（尽管可以一行写多句话，或一句话写多行）。

第六节　循序渐进——C 程序开发步骤

一、C 程序开发步骤

C 程序开发包括程序编辑、程序编译、程序链接和程序运行 4 步（图 1-4）。

1. 程序编辑

程序员可用任意编辑软件（编辑器）将编写好的 C 程序输入计算机。为提高开发效率，常采用 IDE（集成开发环境）编写。目前很多操作系统都是 Windows 7 以上的操作系统，故推荐使用微软的 VS 系列开发工具。此时形成的程序文件称为源程序文件，以扩展名 ".c" 结尾。

2. 程序编译

程序编译是将编辑好的源文件翻译成二进制目标代码的过程。编译过程是使用 IDE 工具为 C 语言提供的编译程序（编译器）完成的。该编译程序集成在 IDE 中，可通过菜单工具直接使用。

编译时，编译器首先对源程序中的每个语句检查语法错误，当发现错误时就在屏幕上显示错误的位置和错误类型的信息。此时，要再次调用编辑器进行查错修改，再进行编译，直至排除所有语法和语义错误。正确的源程序文件经过编译后在磁盘上生成目标文件，这些文件的扩展名为 ".obj"。

3. 程序链接

编译后产生的目标文件不能直接运行。链接就是将目标文件和系统提供的标准库函数链接在一起,生成可以运行的可执行文件的过程。可通过 IDE 完成链接。链接完成后形成可执行文件(exe)。

4. 程序运行

生成 exe 文件后,即可在操作系统控制下运行。若执行程序后达到预期目的,则 C 程序的开发工作到此完成。否则,需要进一步检查和修改源程序,重复编辑—编译—链接—运行的过程,直到取得预期结果为止。

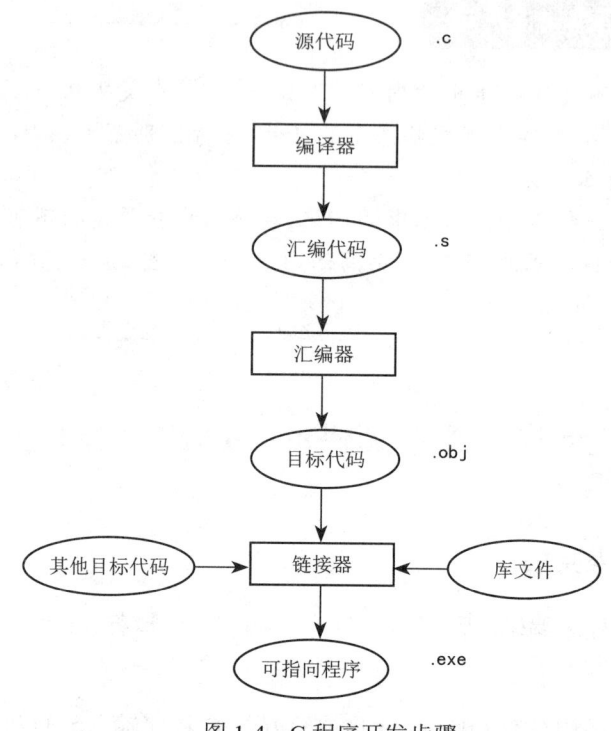

图 1-4　C 程序开发步骤

二、编译器

C 程序运行前都要进行编译。编译过程的目标是将高级语言翻译成计算机能够识别的机器语言。然而,C 语言本身只是 ANSI 和 ISO 所制定的一种标准,很多公司会按照这个标准来开发各自的编译器。仁者见仁,智者见智,不同的编译器虽大同小异,但也有自己的特点。

在编程时会发现同样的代码在一种编译器下能运行,而在另一种编译器下却不能运行,这就是因为不同编译器所遵循的规范和标准不一样。因此,使用编译器前应先了解该编译器是支持 C89、C99,还是支持 C11。也就是说,按照 C11 标准编写的代码在只支持 C89 标准的编译器中编译会产生语法错误,这也可称为版本不匹配。

根据 C 语言的应用领域,目前 C 语言编译器可分为桌面端和嵌入式系统端两种(图1-5)。

在 C 语言初学阶段,主要是熟悉语言本身的语法规则和编程思想。微软的开发工具提供许多智能化的功能,方便程序员进行调试,功能强大,容易上手,所以在学习 C 语言时,常采用桌面端的 Visual Studio 这个 IDE 工具的编译器。在学习 C 语言后可根据自己的学习方向选择不同的编译器。

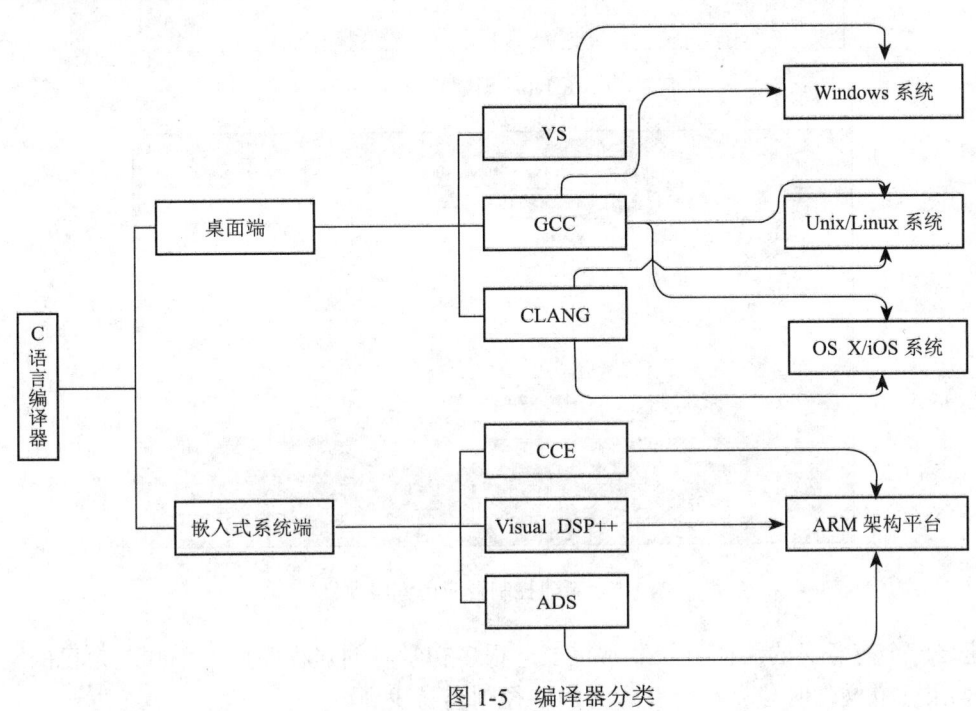

图 1-5　编译器分类

第七节　工欲善其事　必先利其器
——VS2015 IDE 开发工具介绍

在 VS 系列集成开发环境(IDE)中,开发工具不断升级,如 VS2003,VS2005,VS2008,VS2010,VS2012,VS2015,VS2019 等。VS 系列 IDE 的功能越来越强大,是一个极其方便、功能强大的开发工具。前面介绍的内容可以在这里以可视化的方式进行呈现,并可提供多种应用软件的开发模板。

本教材主要介绍 C 语言的基本语法和程序设计的编程思想及编程习惯,因此最简单的控制台模板将是最好的选择。下面结合控制台应用程序介绍 VS2015。

首先点击 Visual Studio 2015,启动项目,然后进行以下操作。

1. 创建项目(Project)

在 VS2015 下开发程序时首先要创建项目。不同类型的程序对应不同类型的项目,初学者应从控制台应用程序学起。

如图 1-6 所示,在 VS2015 上方菜单栏中选择"文件→新建→项目",或按 **Ctrl+Shift+N** 组合键,都会弹出图 1-7 所示的对话框。

选择"Win32 控制台应用程序",填写项目名称,选择存储路径,点击"确定"按钮即可。

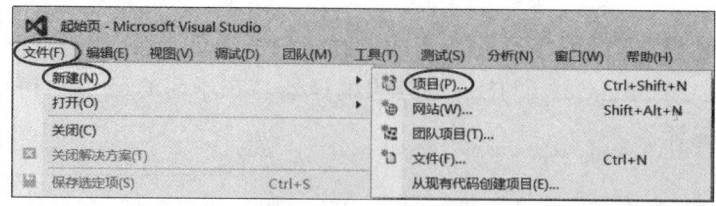

图 1-6 新建项目

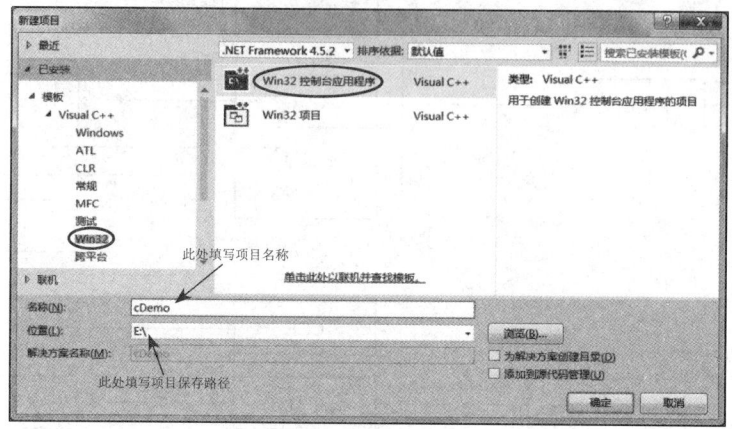

图 1-7 新建控制台应用程序项目

建立一个有意义的路径目录非常重要。很多初学者创建程序后常不知道自己的文件在哪里，如果建立文件时建立一个有意义的路径则容易找到。

在图 1-7 所示的窗口中，主要是按照控制台应用程序模板建立一个控制台应用程序。IDE 会按照这个模板自动生成很多文件（这些文件可以不用关心），这些文件会存放在这个窗口所填写的位置和名称所在的文件夹中。如果安装的是英文版的 VS2015，那么对应的项目类型是"Win32 Console Application"。另外还要注意，项目名称和存储路径最好不要包含中文（IDE 是微软公司开发的，使用英文符号构造项目是一种良好的编程习惯。初学者习惯使用中文，但切记在这里应"忘掉中文"）。点击"确定"按钮，弹出图 1-8 所示的向导对话框。

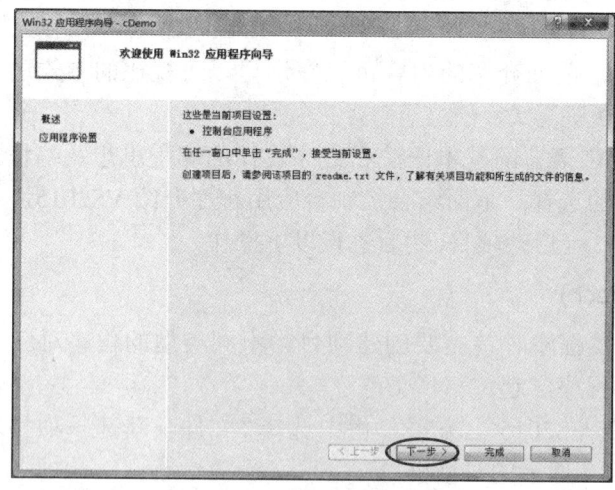

图 1-8 新建项目

点击"下一步"按钮,弹出图 1-9 所示的应用程序设置对话框。

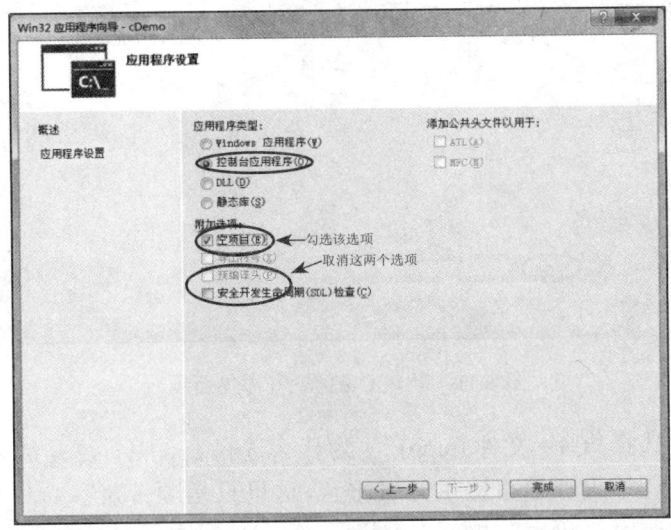

图 1-9　新建项目的应用程序设置

在应用程序设置对话框中,取消"预编译头"和"安全开发生命周期(SDL)检查"两个选项,因为这两个选项在基本 C 程序中一般用不上。再勾选"空项目",然后点击"完成"按钮,将创建一个新的项目。感兴趣的读者可以打开图 1-7 所示的 E 盘位置,会发现多了一个 cDemo 文件夹,这就是整个项目所在的文件夹。

2. 添加源文件

在图 1-10 所示的"源文件"处右击鼠标,在弹出菜单中选择"添加→新建项",或按 Ctrl+Shift+A 组合键(注意观察"新建项"旁边的热键),都会弹出图 1-11 所示的添加新项对话框。

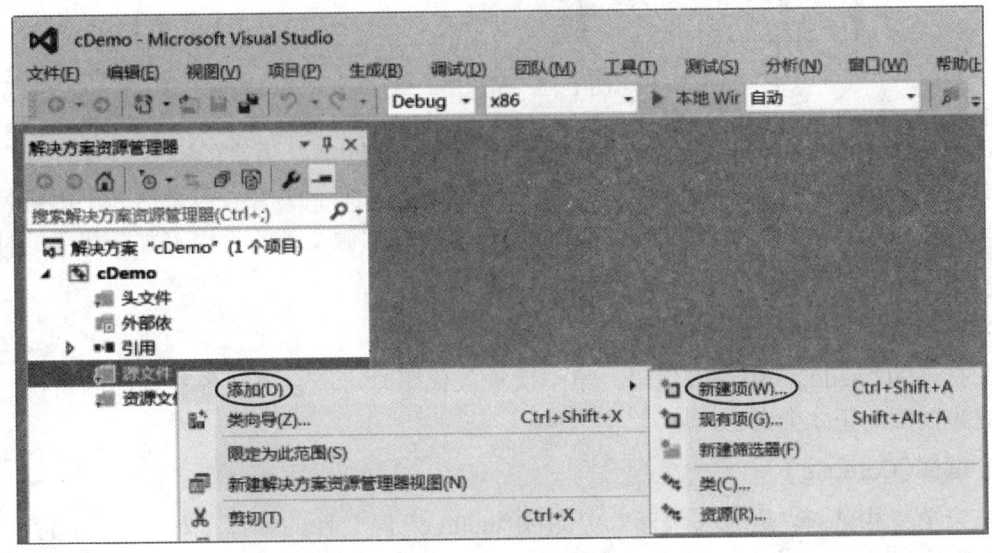

图 1-10　添加源程序

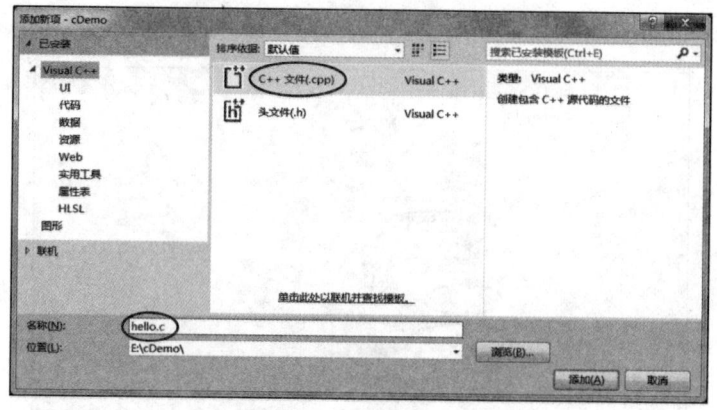

图 1-11　新建 C 源程序（添加新项）

在代码分类中选择"C++ 文件 (.cpp)"。为什么选择 cpp 呢？这是因为微软的 VS 系列主要是为面向对象程序设计语言提供开发平台，这里只是顺带兼容 C 语言的编译，所以为"告诉"编译器以后要用 C 语言的规范来编译程序，在填写文件名时需要将后缀名改为".c"。点击"添加"按钮，将添加一个新的源文件，并可进行相应程序编写，如图 1-12 所示。

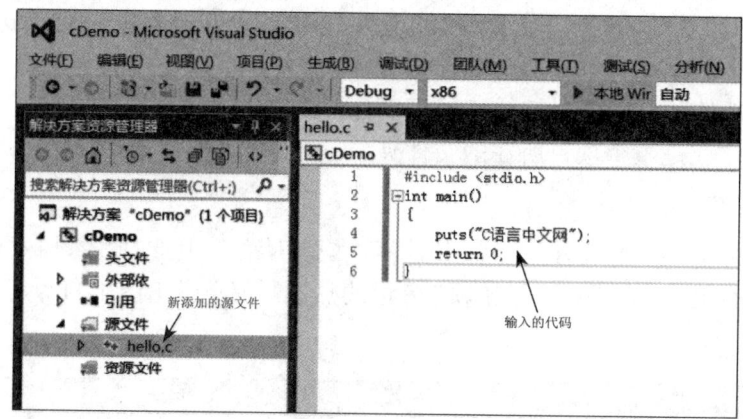

图 1-12　源程序编辑

注意：C++ 是在 C 语言基础上进行的扩展，C++ 已包含 C 语言的所有内容，所以大部分的 IDE 只有创建 C++ 文件的选项，而没有创建 C 语言文件的选项。但是这并不影响使用，在填写源文件名称时将后缀改为".c"即可，编译器会根据源文件的后缀来判断代码的种类。图 1-11 中，就是将源文件命名为"hello.c"。

3. 编写代码并生成程序

在打开的"hello.c"中输入代码。第一次输入代码时可能会出现各种各样的错误，只有把这些错误都纠正才会进步。

4. 编译（Compile）

在菜单栏中选择"生成→编译"，可完成"hello.c"源文件的编译工作，如图 1-13 所示。也可以直接按 Ctrl+F7 组合键来完成编译工作，这样更加便捷。

第一章 "外星语言"的第一次亲密接触——计算机程序设计

如果代码没有错误,会在下方"输出"窗口中看到编译成功的提示,如图 1-14 所示。

编译完成后,打开项目目录(本教材中是"E:\cDemo\")下的"Debug"文件夹,会看到一个名为"hello.obj"的文件。这就是经过编译产生的中间文件,这种中间文件的专业名称目标文件(Object File)。目标文件的后缀都是".obj"。

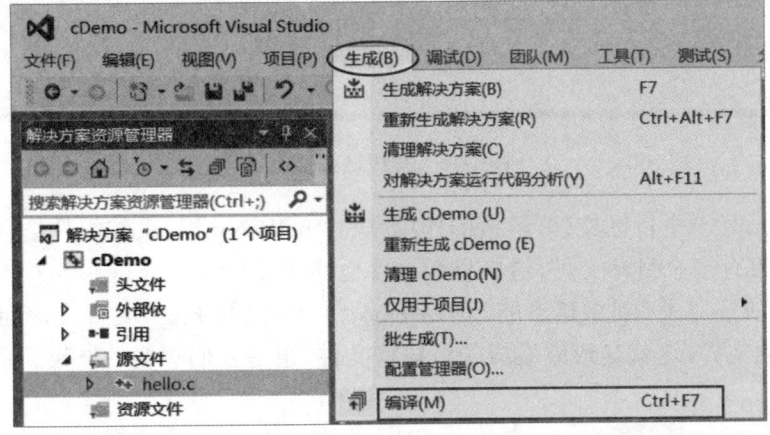

图 1-13　源程序编译

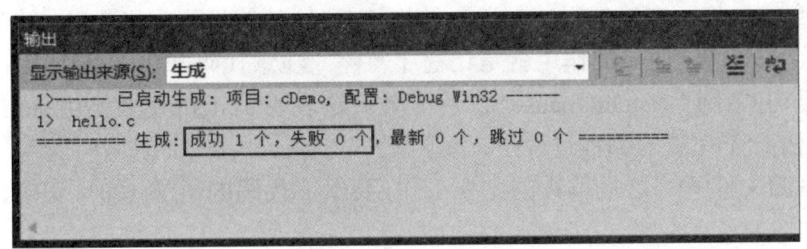

图 1-14　程序编译输出信息

5. 链接(Link)

在菜单栏中选择"生成→仅用于项目→仅链接 cDemo",将完成"hello.obj"的链接工作,如图 1-15 所示。

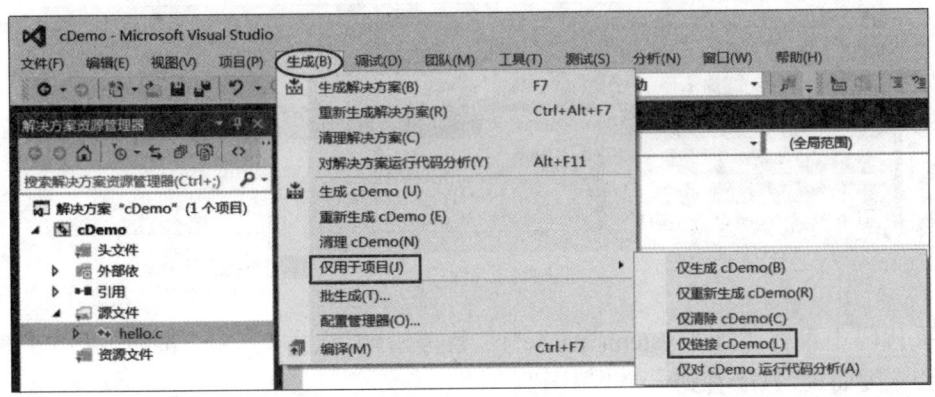

图 1-15　程序链接

如果代码没有错误，会在下方"输出"窗口中看到链接成功的提示，如图 1-16 所示。

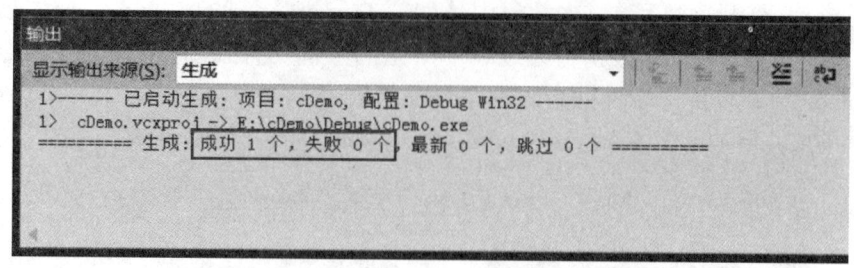

图 1-16　程序链接信息

本项目中只有一个目标文件，链接的作用是将"hello.obj"与系统组件结合起来，形成可执行文件。如果有多个目标文件，这些目标文件之间还要相互结合。

再次打开项目目录（刚才建立的"E:\cDemo\"）下的"Debug"文件夹，会看到一个名为"cDemo.exe"的文件，这就是最终生成的可执行文件，也是我们想要的结果。

6. 运行（Run）

双击"cDemo.exe"并运行，会看到一个黑色窗口一闪而过。这是因为程序输出后运行就结束了，窗口会自动关闭，时间非常短暂，所以看不到显示的输出结果，只能看到一个"黑影"。为让这个窗口停下来以便看清楚运行结构，需要给计算机一个指令"system("pause");"。这个"system("pause");"语句的作用就是让程序暂停。注意代码开头部分还添加了"#include <stdlib.h>"语句，否则"system("pause");"将无效。这表明 system 函数是由 stdlib 库提供的。

综上所述，一个完整的编程过程是：

（1）编写源文件——这是编程的主要工作，要保证代码的语法 100% 正确，不能有任何差错。

（2）编译——将源文件转换为目标文件。

（3）链接——将目标文件与系统库组合在一起，转换为可执行文件。

（4）运行——可以检验代码的正确性。

VS 提供了一种更加快捷的方式，可以一键完成编译、链接、运行三个动作：点击图 1-17 所示菜单栏中的绿色"运行"按钮▶或按 F5 键即可。

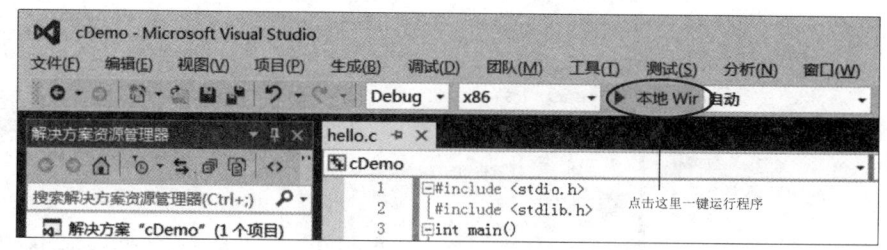

图 1-17　程序执行

如果代码中没有添加"system("pause");"暂停语句，点击"运行"按钮或按 F5 键后，程序依然会一闪而过，只能看到一个"黑影"。

如果想让程序自动暂停，可以按 Ctrl+F5 组合键，这样程序就不会一闪而过。也就是说，按 Ctrl+F5 键，VS 会自动在程序的最后添加暂停语句。

在以后的使用过程中，可以直接采用 Ctrl+F5 组合键，不用再分步骤完成。这将更加方便和实用，也是 IDE 工具的强大之处。

本章小结

（1）注意 C 语言严格区分大小写。例如，定义一个变量 age 和 Age 是不同的。

（2）编写程序时要求标点符号必须全部是英文状态。特别注意分号、引号、括号等，初学时经常容易弄错。

（3）注意括号的配对问题。括号都是成对出现的，如 main() 函数的括号。函数的语法就是要使用一对括号，即括号是成对出现的。在编写程序时，只要写括号，首先就应成对书写，然后在括号中编写代码。

练习题

一、选择题

1. 以下叙述中错误的是（　　）。
   A. 一个 C 程序中可以包含多个不同名的函数
   B. 一个 C 程序只能有一个主函数
   C. C 程序在书写时有严格的缩进要求，否则不能编译通过
   D. C 程序的主函数必须用 main 作为函数名

2. 以下叙述中正确的是（　　）。
   A. 程序的基本组成单位是语句
   B. C 程序中的每一行只能写一条语句
   C. 简单 C 语句必须以分号结束
   D. C 语句必须在一行内写完

3. C 语言源程序名的后缀是（　　）。
   A. .exe
   B. .c
   C. .obj
   D. .cpp

4. 以下叙述中错误的是（　　）。
   A. C 语言的可执行程序是由一系列机器指令构成的
   B. 用 C 语言编写的源程序不能直接在计算机上运行
   C. 通过编译得到的二进制目标程序需要链接才能运行
   D. 在没有安装 C 语言集成开发环境的机器上不能运行 C 源程序生成的 exe

5. 关于 main 函数说法正确的是（　　）。
   A. 在一个 C 控制台应用程序中，main 函数可以有多个

B. main 函数必须放置在一个 C 程序的开始

C. main 函数是 C 程序的入口函数，也是出口

D. main 函数不区分大小写，main 后面的括号可有可无

二、简答题

1. 标准 C 是什么？为什么会产生标准 C？

2. 目前 ISO 制定了几种 C 语言标准？谈谈你对这些标准的理解。

3. 结合 IDE 工具 VS2010，VS2012 或 VS2015 等，在同一个项目中建立多个 C 程序。能否每个 C 程序中都建立一个 main 函数？如果出现错误，是什么错误？

4. 在编写 C 程序时，一个 C 程序的总体结构是怎样的？

5. C 语言编写过程中，哪些地方可以出现中文？如果在不应使用中文的地方使用中文，程序会出现什么错误？

6. 什么是编译器？结合 VS 集成开发环境，编写运行程序过程中会形成哪些文件？

7. 利用 VS 的 IDE 工具编写程序，实现输出 "This is a C program."，并结合附录练习快捷键和调试操作。

8. 说说你编写程序时遇到的错误现象，并分析错误原因以及给出你的解决方案。

9. 注释有哪几种？注释是否会被编译器编译？简述你对程序中加注释的理解。

10. 思考以下程序中 sum 的输出结果是什么。

```c
int main()
{
    int one,two,sum;//one = 10;two = 20;
    sum=one+two;
    printf("sum = %d",sum);
    return 0;
}
```

11. 打字练习：找一篇英文文章，练习打字，实现快速 100% 正确录入。

第二章

千里之行　始于足下
——C语言变量和数据类型

在学习汉语、英语等自然语言时，学习过程遵循从字、词、句、段落、文章的演绎过程。文章质量的高低往往取决于作者字、词、句等基本功的掌握程度。"万丈高楼平地起"，基础的牢靠程度决定了上层建筑的高度。C语言也是一种语言，要编写出好的软件作品，也需要首先掌握类似字、词、句的关键基础元素。什么是C语言的字、词、句呢？本章将介绍第一种字词——数据类型、变量、常量等，为我们的"千里之行"做好迈出第一步的准备。

第一节　物以类聚——数据类型

计算机好比一个复杂而庞大的计算器，它的主要任务是帮助人们进行计算。但计算是需要数据的，而这些数据在计算过程中需要存储起来。在C语言中，用变量来完成存储。之所以称为变量，是因为放在这些存储单元中的数据是可以改变的。实际上，变量就是存放数据的容器。对于盛放物体的容器而言，所装的物体的性质可能是不同的。例如，在日常生活中我们喝水用水杯，吃饭用碗，做饭用锅，这体现了不同数据内容用不同容器的思想。如果用水杯大小的锅来做饭，则杯子太小，装不下；同样，如果用一口锅来做茶杯，不仅不合用，也是大材小用。现实生活中，根据容器装的东西对容器进行了分类。同理，为满足各种需要，C语言标准中的内存单元也可以存储不同的数据，根据所装的不同数据用不同数据类型来体现。数据类型就是按照数据的性质进行的容器分类。

C语言数据类型

C语言数据类型主要包括基本类型、构造类型、指针类型和void类型（图2-1）。在过程化编程语言中，主要进行一些简单的运算，所以处理数据的容器相对简单。初学阶段主要掌握基本类型的使用即可。

一、整型

在C89标准下，规定了char, unsigned char, signed char, int, unsigned int, short, unsigned short, long, unsigned long等基本数据类型。这些类型实际上都表示整数这一类，区别主要在于类型所占的内存空间不同以及所表示的整数的数据范围不同。根据数据可能变化的范围选择合适的数据类型，即如果数据值很小却选择一个占用空间较大的数据类型而造成内存空间浪费,这肯定是不合理的。

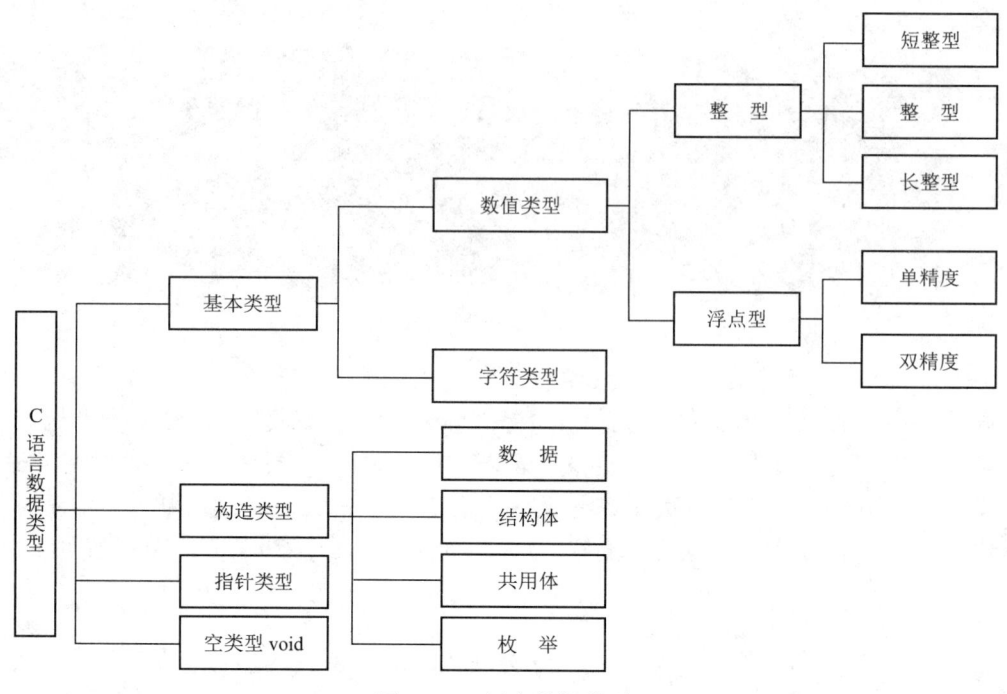

图 2-1　C 语言数据类型

每种类型的数据究竟在内存中占有多大的内存空间呢？每种数据类型描述的数据范围是多大呢？实际上,数据类型占有的空间大小由编译系统决定,所以这个大小并不绝对。为了解数据类型占有空间的大小,往往使用 sizeof 运算符来进行运算。知道数据类型的大小范围后,存储数据时就便于确定采用什么类型来声明变量和存储数据比较合理。该用什么类型定义变量？这个问题是初学者容易迷惑的问题。

示例 2-1　求数据类型声明变量的内存大小。

```
#include <stdio.h>
int main()
{
    printf("\t    Type Size <in bytes> \n");
    printf("\t|----------------------|\n");
    printf("\t|      char   %d       |\n",sizeof(char));
    printf("\t|      int    %d       |\n",sizeof(int));
    printf("\t|      float  %d       |\n",sizeof(float));
    printf("\t|      double %d       |\n",sizeof(double));
    printf("\t|----------------------|\n");
    return 0;
}
```

运行结果如图 2-2 所示。

第二章 千里之行 始于足下——C语言变量和数据类型

图 2-2 示例 2-1 运行结果

这表明，在当前编译器环境中，字符变量占 1 个字节，整型变量占 4 个字节，单精度浮点变量占 4 个字节，双精度浮点变量占 8 个字节。字符空间的大小不需要刻意记忆，在需要动态分配内存空间给变量时，使用 sizeof 运算符即可求出各种类型的变量所占的内存空间。

在学习阶段使用最多的整数值类型包括 int 和 char。

int 实际上是 integer 的简写，表示整型。这也说明了一种编程习惯，即见名知意。

char 全称是 character，表示字符，即字符型。该类型非常特殊，它的本意是用来存储字符数据的，但字符数据按照 ASCII 码进行编码后，实际存储在内存中的是一个 8 bit 的二进制码，即在内存中占 1 个字节的内存单元。这些编码转换成十进制后就是整数，所以字符型本质是标准的整型。例如，字符 A 经过编码存储的数据实际上是 65。int 也是代表一定范围的整数，与 char 可以互换。

对字符编码表 ASCII 应多一些了解，如大小写字符的码值相差 32，也可用 'a'－'A' 求差。

示例 2-2 字符的本质。

```
int main()
{
    char ch = 'A';            // 数据类型为 char 的变量
    printf("The character %c has the character code %d.\n", ch, ch);
    return 0;
}
```

运行结果如图 2-3 所示。

图 2-3 示例 2-2 运行结果

上述代码是将字符常数 A 存于变量 ch 中，然后把这个数据取出来，按照 %c 和 %d 两种格式显示。其中，%c 按字符显示，显示 A；%d 按数字显示，由于字符 A 的 ASCII 是 65，在内存中以 65 的二进制进行存储，所以显示 65。

在计算机中，所有数据在存储和运算时都用二进制数表示（这是因为计算机用高电平和低电平分别表示 1 和 0）。例如，a，b，c，…，z，A，B，C，…，Z 等 52 个字母，0 和 1 等数字，以及一些常用的符号（如 *，#，@ 等），在计算机中存储时也是用二进制数表示。然而，对于具体哪个二进制数表示哪个符号，每个人都可以约定自己的一套标准（这就是编码）。如果要相互通信而不造成混乱，大家就必须使用相同的编码规则。美国国家标准学会制定了 ASCII 编码（表 2-1），统一规定了上述常用符号用哪些二进制数来表示，供不同计算机在相互通信时用作共同遵守的西文字符编码标准。

表 2-1　ASCII 编码对照表

ASCII 值	控制字符	ASCII 值	控制字符	ASCII 值	控制字符	ASCII 值	控制字符
0	NUL	32	(space)	64	@	96	`
1	SOH	33	!	65	A	97	a
2	STX	34	"	66	B	98	b
3	ETX	35	#	67	C	99	c
4	EOT	36	$	68	D	100	d
5	ENQ	37	%	69	E	101	e
6	ACK	38	&	70	F	102	f
7	BEL	39	'	71	G	103	g
8	BS	40	(	72	H	104	h
9	HT	41	)	73	I	105	i
10	LF	42	*	74	J	106	j
11	VT	43	+	75	K	107	k
12	FF	44	,	76	L	108	l
13	CR	45	-	77	M	109	m
14	SO	46	.	78	N	110	n
15	SI	47	/	79	O	111	o
16	DLE	48	0	80	P	112	p
17	DCI	49	1	81	Q	113	q
18	DC2	50	2	82	R	114	r
19	DC3	51	3	83	S	115	s
20	DC4	52	4	84	T	116	t
21	NAK	53	5	85	U	117	u
22	SYN	54	6	86	V	118	v
23	TB	55	7	87	W	119	w
24	CAN	56	8	88	X	120	x
25	EM	57	9	89	Y	121	y
26	SUB	58	:	90	Z	122	z
27	ESC	59	;	91	[	123	{
28	FS	60	<	92	/	124		
29	GS	61	=	93	]	125	}
30	RS	62	>	94	^	126	`
31	US	63	?	95	_	127	DEL

字符存储的本质

语句"char sex = 'M';"中,sex 是变量名,是一个自定义的变量标识符;关键字 char 用来说明变量 sex 的类型,指明变量中存储字符类型的数据。那么,在内存中存的是 M 吗?

查 ASCII 编码表,可知字符 M 的 ASCII 码值是 77。从内存储图(图 2-4)中可以发现,实际存储的是 77 所转换的二进制数据 01001101。

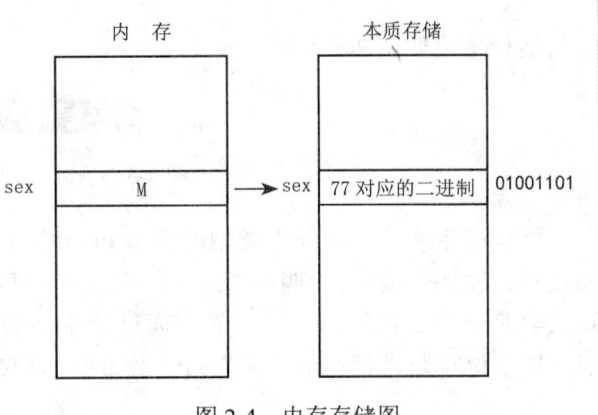

图 2-4　内存存储图

二、浮点型

除整数以外,数字还包含小数,这种数据称为浮点数。对小数进行分类,这种类型就称为浮点型。按照数据的精度处理能力,浮点型数据分为单精度和双精度。单精度类型称为 float,常占 4 个字节,32 位;双精度类型称为 double,常占 8 个字节,64 位。

在 C 语言中,浮点数在内存中的存储方式依次为符号位、指数、位数。float 与 double 类型的数据在计算机内部的表示法是相同的,但由于所占存储空间不同,其分别能够表示的数值范围和精度不同(表 2-2)。

表 2-2　float 与 double 类型表示的数值范围和精度

类　型	符号位	指　数	尾　数
float	1 位(第 31 位)	8 位(第 23～30 位)	23 位(第 0～22 位)
double	1 位(第 63 位)	11 位(第 52～62 位)	52 位(第 0～51 位)

浮点数的取值范围比整数大得多,float 类型必须至少能表示 6 位有效数字,double 类型至少能表示 10 位有效数字。float 和 double 类型输出说明符为 %f。%f 的输出格式默认保留 6 位小数,如果只想保留小数点后 3 位数,可以使用 %.3f 的形式来输出。

示例 2-3　字符类型的使用。

```
int main()
{
    float pi=3.1415926f;//f 表明该值是一个单精度的数据
```

```
    printf("pi = %.2f\n", pi );// 保留2位
    return 0;
}
```

运行结果如图2-5所示。

图2-5　示例2-3运行结果

该程序定义了一个浮点类型的变量pi，并进行初始化赋值。小数有两种，究竟是单精度还是双精度还不清楚，为明确表示该小数是单精度，在小数末尾加f进行标识。如果不加f，则代表是一个双精度的小数。最后通过输出函数printf按照格式串方式进行输出，将pi的值保留2位小数进行输出。在保留小数位时，具有四舍五入的功能。

第二节　追根溯源——变量定义和赋值的本质

C语言
数据类型
（变量）

变量是存放数据的容器，实际上是在内存中找一个"空闲"的地方，按照其要存放的数据类型开辟一片空间，用于存放数据，并给这个内存地址空间取一个名称，即变量名。

如图2-6所示，申明一个整型变量i，整型在内存中占4个字节，32位，然后将整数3转换成对应的32位二进制数据存于内存中。

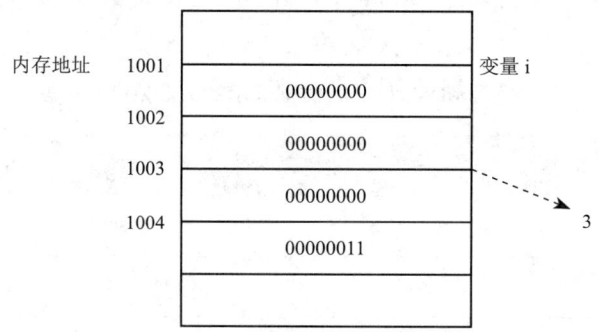

图2-6　变量在内存中的存储

一、变量定义

语法格式要求：

数据类型　变量名；

变量的定义是一个语句。C语言中，语句都以**分号**结尾。

"数据类型"表示想要存储什么类型的数据就定义什么类型的变量。要存储整数就定义成int型；要存储小数就定义成float型或double型；要存储字符就定义成char型……

初学者在设计变量时往往不知道到该使用什么类型。在设计时,要明确容器是装什么数据的,数据可能的范围。例如,要设计一个存放年龄的变量,年龄大家用的都是整数数字,显然不会用浮点型来设计;对人类来说,年龄范围的有效值往往为0~200,所以一个整型变量就足够。

"变量名"是给这个变量起的名字,也就是一个变量的**标识符**。变量名通常用字母表示,如"int age;"。变量的命名规则如下:

(1)变量名的开头必须是字母或下划线,不能是数字。实际编程中最常用的是以字母开头,而以下划线开头的变量名是系统专用的。为避免与系统定义的变量名产生冲突,编程时不要使用下划线作为变量名的开头。

(2)变量名中的字母区分大小写。例如,a 和 A 是不同的变量名,num 和 Num 也是不同的变量名。

(3)变量名绝对不可以是 C 语言关键字。关键字就像商品一样,已经被系统规范注册为某种用途,再使用就属于侵权的违法行为,所以不能再被用作变量名。在 C 语言的 C89 规范中,只有 32 个关键字,且全部都是小写。这些关键字是:int, float, double, char, short, long, signed, unsigned, if, else, switch, case, default, for, while, do, break, continue, return, void, const, sizeof, struct, typedef, static, extern, auto, register, enum, goto, union, volatile。

(4)变量名中不能有空格。

在命名过程中,常用的方式有匈牙利命名法、大驼峰和小驼峰命名法等。目前常用驼峰法进行变量命名。驼峰法混合使用大小写字母来构成变量和函数的名字,第一个单词以小写字母开始,第二个单词及后面每个单词的首字母大写,如 myFirstName, myLastName。这样的变量名看上去就像骆驼峰一样此起彼伏,故此得名。

变量命名时要遵循见名知意的原则,这样不但能很好地满足命名规则,而且可以增强程序的可读性。例如,"int studentNum;"通过变量名就能直观看出变量所代表的意义是学生数量,而程序员也可以根据变量名的意义大致猜测出变量类型,像 studentNum 变量,既然是指学生数量,那么基本就是整型数据。在工程领域,这是一个必须养成的习惯。

禁止取单个字母作为变量名(如 a, b, c, d, i, j, k, m, n 等)。初学者往往很喜欢这样命名,虽然没有语法错误,但却是一种很不好的命名习惯。这是因为这种命名不具有可读性,看代码的人很难知道这些变量是用来做什么的,程序的可维护性极差。当程序需要修改时,修改人会无从下手。当然,这并不是说绝对不可以用单个字母,在某些特定情形下也可使用,如后面将介绍的循环语句中有一个循环变量,它可定义成 i, j, k 这样的单个字母变量,且这已经是公认的。

二、变量赋值

变量是一个存放数据的内存单元,实际上当定义好一个变量后系统会存一个值,这个值往往是已经存在于该内存空间的垃圾值(系统分配的一个无意义的值)。

变量定义好后如何将实际需要的数放到这个变量中呢?将一个数放到一个变量中,这个过程称为赋值。赋即给予的意思,所以给变量赋值就是将一个值传给一个变量。赋值通过赋值运算符"="来实现。

赋值的格式是：

变量名 = 要赋的值；

它表示将"="右边的数字赋给左边的变量。例如，"i=3;"表示将 3 赋给变量 i，此时 i 将等于 3。

需要注意的是，**这里的符号"="与数学中的"等于号"是不一样的**。刚学习 C 语言时，在这一点上初学者很难从数学的思维中转变过来。在 C 语言中，"="表示赋值，即将右边的值赋给左边的变量，而不是左边的变量等于右边的值（切记，以后在循环条件、判断条件中做相等判断时不要犯这样的错我。但很多初学者往往会犯这个错！）。实际上，C 语言中"相等"的运算符是双等号"=="。这个运算符是一个比较运算符，与数学中的"等于"是同一个意思。

变量的定义和赋值，可以分成两步写，也可以将它们合成一步。在实际编程中，多用合二为一的写法。形式如下：

数据类型　变量名 = 要赋的值；

例如，如下变量定义：

```
int i = 3;
```

表示定义一个变量 i，并将 3 赋给这个变量。它与下面的形式是等价的：

```
int i;
i = 3;
```

在定义变量时也可以一次性定义多个变量。例如：

```
int i, j;
```

表示定义变量 i 和 j。这里需要强调的是，当同时定义多个变量时，变量之间用逗号隔开，而不能写成分号。这是很多初学者容易犯的错误，即将逗号和分号混淆。

同样，也可以在定义多个变量的同时给它们赋值：

```
int i = 3, j = 4;
```

中间用逗号隔开，并且在最后不能遗漏分号。

在变量定义与赋值的过程中，需要讨论以下几个问题：

● 变量在什么地方声明？

实际上变量是有时效性的，也就是常说的生命周期。试想如果变量是不"死"的，而如果计算机运行很多软件，那么很快就会将内存耗光，计算机很容易就会死机。因此，变量往往是在一个时间范围内是有"生命"的，离开这个范围就会失去"生命"，释放内存。衡量这个时间的范围在程序中往往就是函数，如 main 函数。

变量往往声明在函数中，变量在这个函数中才具有"生命"，这种变量称为局部变量。变量往往只能在函数的开头进行定义，或者说变量定义的前面不能有其他非声明或非定义的语句。当然，变量定义是不是必须写在最前面，这是由编译器遵循的规范决定的。如果编译器遵循 C89 规范，就必须按照这个规则，如 VC++ 6.0。如果编译器遵循 C99 规范，则变量在需要用时声明即可，而没有位置限制。

示例 2-4 代码变量的声明。

```c
#include <stdio.h>
int main()
{
    int i;// 声明
    i = 3;// 赋值
int j = 4;    // 声明并赋值
    return 0;
}
```

"int j = 4;" 在 C89 规范下运行会报错,因为前面出现了非声明的语句。实际上,遵循 C89 规范,让变量先定义、后使用是一种良好的编程习惯。

为什么 C99 规范设置为需用时才声明呢？以 "for(int i=0; i<6; i++)" 为例,这样做的好处是可减少内存开销,采用局部变量,用完就释放内存。

● 变量在使用前为什么一定要初始化？

上面定义变量时对变量进行赋值操作,这称为初始化。如果不进行初始化就参与运算,这时系统使用的是内存中的垃圾值。在 VC++ 6.0 环境中,如果发现一个变量没有初始化,就认为其中存放的是一个垃圾值,这个数据是没有实际意义的,只是为提醒用户没有进行初始化。如果是一个整型变量,系统会将一个很小负数放进去。因此,任何一个变量在使用前都要先进行初始化。

在实际编程中,习惯上在定义变量时就进行初始化,这是一个很好的编程习惯。当然,以后学习面向对象编程时,如 Java,变量会有很多种,有些是由系统对变量进行初始化的。编译器 dev 也会自动对变量进行初始化。

示例 2-5 变量初始化。

```c
#include <stdio.h>
int main()
{
    int i;// 声明,没有初始化,系统指定一个垃圾值
    printf("i = %d\n", i);// 除站位符 %d 外,其余字符原样输出
    return 0;
}
```

该程序没有对变量 i 进行初始化,有的编译器会报错,有的编译器会输出一个意想不到的系统垃圾值。初学者经常忘记对变量进行初始化,从而造成计算错误。例如,求和变量需要赋初始值 0,否则结果将不准确。

三、变量的本质

在程序运行过程中,操作系统会将硬盘上的文件加载到内存中,再通过 CPU 处理内存中的数据。所以变量的本质是内存存储单元。实际上,内存中有很多"小格子",每个"小格

子"中只能存放一个 0 或 1。一个"小格子"就是 1 位,所以"位"要么是 0,要么是 1。8 个"小格子"就是 1 字节,即 1 字节等于 8 位。字节(Byte)是存储数据的基本单位,且是硬件所能访问的最小单位,这就是一个内存地址。

常见的存储单位主要有 bit(位)、B(字节)、KB(千字节)、MB(兆字节)、GB(千兆字节)。它们之间有如下换算关系:

$$1\text{ B}=8\text{ bit}$$
$$1\text{ KB}=1\ 024\text{ B}$$
$$1\text{ MB}=1\ 024\text{ KB}$$
$$1\text{ GB}=1\ 024\text{ MB}$$

示例 2-6 变量的本质。

```
#include <stdio.h>
int main()
{
int i;// 变量声明
    i = 3;// 变量赋值,输入
printf("i = %d\n", i);// 除站位符 %d 外,其余字符原样输出
    return 0;
}
```

当程序执行"int i;"时,它会请求操作系统在内存中寻找一个空闲的存储单元,这个存储单元的大小由数据类型决定(假设 int 的大小为 4 字节),然后将它当作变量 i 来使用。也就是说,这个存储单元的地址和 i 产生了一种关联(图 2-6),即变量 i 现在就是这个存储单元,然后"i=3;"的结果是将 3 按照 32 位二进制位进行编码,存放到变量 i 所关联的那个 4 字节的存储单元中。以后只要使用 i,操作系统就会自动找到那个与它关联的存储单元。内存数据是可擦除的,断电后这些数据就会丢失。

小窍门

　　画内存图是初学者需要掌握的一个必要技能。随着程序复杂度的提高,初学者很难理解整个复杂程序的代码,弄不懂其执行过程和最终运算结果。借助画内存图法,程序执行到变量声明时,就对应画一个内存存储空间图,并根据执行的赋值语句在图中体现内存的变化,如重新赋值就把旧的值擦除,重新写入新值。图形法跟踪内存简单明了,远远超过单纯的大脑记忆。大脑记忆时一旦一个地方记错了,留不下任何痕迹,难以发现。初学时不要轻易偷懒,一开始就用这个方法跟踪程序的执行。当养成习惯后,对分析复杂程序(如链表)将会有意想不到的好处。当然,另外一种类似的方法是断点逐步跟踪,监测内存值的变化,这也是一种很好的方法。

第三节 眼见未必为实——常量

在程序执行过程中,值不发生改变的量称为常量。常量分为字面值常量和自定义常量两类。

C 语言数据类型（常量）　　C 语言数据类型（ASCII 及转义符）

一、字面值常量

字面值常量如下:

字符串常量　　　"hello"
整数常量　　　　12, 23
小数常量　　　　12.345
字符常量　　　　'a',' A', '0'

对字面值常量而言,整数默认的类型是 int,浮点数默认的类型是 double。如果要用一个整数来表示长整数的数据类型,则要加上 L 或 l。一个字符常量的小数要表示为单精度,则单精度的浮点数要加上 F 或 f。

30　　　　　　　整数,代表 int 型
30L　　　　　　长整数,代表 long 型
3.14159　　　　代表 double 型
3.14159F　　　代表 float 型

char sex='1'; // 性别,1 代表男
int i=1;
这里的 '1' 和 1 看上去都是 1,它们表示相同的数据吗？它们的意思相同吗？它们存储的内容相同吗？这是初学者最容易糊涂的地方。眼睛看到的未必是事实,需要通过内存图的本质来探索。

从表 2-1 可知,字符常量 1 对应的 ASCII 码值为 49,而整数常量 1 通过原码的方式存于内存,其值为 1。

通过内存图（图 2-7）,可知 sex 存储的是整数 49,常占用 1 字节,而 i 存储的是整数 1,常占用 4 字节,它们代表的是两个不同的数据。

特别注意,字符数据采用的是 ASCII 编码,而数字采用的是原码、反码、补码进行编码。

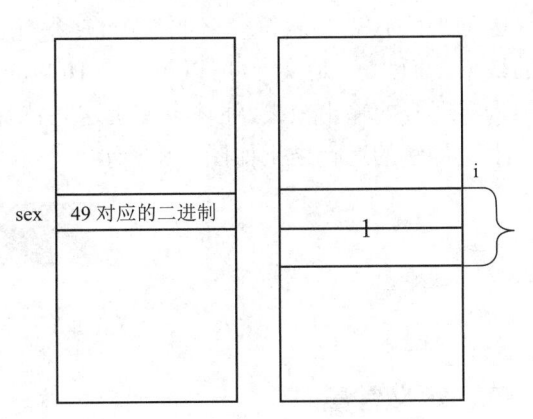

图 2-7　内存中的存储

对字符常量而言，在 C 语言中有一些特定的字符，当它们前面有反斜杠"\"时将具有特殊的含义，被用来表示如换行符(\n)或制表符(\t)等。表 2-3 列出了一些这样的字符转义序列。

表 2-3 字符转义序列

字符转义序列	含 义	字符转义序列	含 义
\\	\ 字符	\?	? 字符
\'	' 字符	\a	警报铃声
\"	" 字符	\b	退格键
\f	换页符	\t	水平制表符
\n	换行符	\v	垂直制表符
\r	回车		

\, a, b, t, v, r, n 都是普通字符，但是当在他们前面加上反斜杠"\"后意义发生了改变。

另外，'，"，？和 \ 等字符，这些在 C 语言中已经被系统用来表示特殊含义的符号，如果需要将它们作为普通本义字符来使用，就必须转义。转义即改变含义，将普通字符当特殊字符来用或将特殊字符当普通字符来用。转义需要加上"\"。

示例 2-7 字符转义。

```
#include <stdio.h>
int main()
{
    printf("Hello\tWorld\nHello\nWorld");  // 使用 n,t 的特殊作用
    return 0;
}
```

输出时，并不是直接看到的字符串"Hello\tWorld\nHello\nWorld"，这里将 t 和 n 都已经进行了转义，代表换行和制表符进行输出。

因为"\t"代表制表符空格的作用，使得输出时 Hello 与 World 之间产生 table 制表符空格的效果。而"\n"是换行，所以第二个 Hello 会换行输出，第二个 World 也会换行输出。编程中为实现好的输出效果，往往会使用这些特殊意义的转义符号。

上述程序的运行结果如图 2-8 所示。

图 2-8 示例 2-7 运行结果

二、定义常量

C 语言中有两种简单的定义常量的方式，即使用 #define 预处理器和使用 const 关键字。

示例 2-8　使用 #define 预处理器定义常量。

```c
#include <stdio.h>
#define LENGTH 10     // 切记这里10后不能加';'分号,因为不是语句
#define WIDTH  5      // 切记这里5后不能加';'分号,因为不是语句
int main()
{
    int area;
    
    area = LENGTH * WIDTH;
    printf("value of area : %d", area);
    
    return 0;
}
```

这里 #define 的作用是将 10 和 5 分别用 LENGTH 和 WIDTH 来替换。

示例 2-9　使用 const 前缀声明指定类型的常量。

```c
const type variable = value;

#include <stdio.h>
int main()
{
    const int  LENGTH = 10;// 必须使用分号,定义常量的语句
    const int  WIDTH  = 5;// 必须使用分号,定义常量的语句
    int area;  // 定义变量
    
    area = LENGTH * WIDTH;// 长乘以宽,计算面积
    printf("value of area : %d", area);// 输出面积
    
    return 0;
}
```

上述程序中的 define 是一种宏定义方式声明的变量,表示用标识符代替字面常量,所以不能像 const 一样加分号。例如,"#define LENGTH 10;",这时 LENGTH 已相当于 10。

而 "const int LENGTH =10;" 则表示定义了一个变量,只是这个变量的值赋予 10 后,值不能再改变。所以这是一个变量赋值语句,只是加了一个 const 的限制,使得不能再改变变量。可以理解为一个值不能改变的变量,也就变成了常量。

注意:将常量定义为大写字母形式是一个很好的编程习惯,这是在各种编程语言中已经形成的一种规范。例如,后面将介绍的数组长度,不知道其具体长度,则常声明一个常量 N 来表示数组的长度。常量的另一个好处是方便维护,可以做到一改俱改。例如,在圆的相

关运算中 π 是一个常数,程序中可能很多地方都会使用这个常数,运行时这次可能用 3.14 计算,下次可能用 3.141 5 运算,再下次则可能继续变。如果将数字硬编码在代码中,每个地方都要手动修改,非常麻烦,而如果定义成常量,则问题就解决了。

> 数据类型中有一种叫字符串的类型,但 C 语言没有对应的关键字来标识,其常量的标识定界符是双引号""。要注意 'A' 与 "A" 的区别,虽然看到的都是 A,但是第一个是字符 A,第二个是字符串 A。字符串 A 实际上包含两个字符,一个是可见的 A,另一个是不可见的字符 '\0',即空字符。

第四节　近墨者黑　近赤者红——数据类型转换

日常生活中有句俗语"道不同不相为谋",有时也说"物以类聚"。这表明性质相同的物体才能在一起研究。同理,在计算机中应当将不同类型的数据放在对应的变量中保存,整型变量保存整数,实数型变量保存小数。当处理不同类型数据的混合运算时,先要将其转换为相同的类型,然后才能参加运算。例如:

```
int a;
a=3.14;
```

右边是一个双精度的小数,左边是一个整型变量,数据类型不同。在赋值运算时,会以赋值号左边变量的类型为标准,对 3.14 进行"瘦身",将占 8 字节的数据变成占 4 字节的整数 3 存到变量 a 中。

```
double y;
y=2;
```

2 为整型,占 4 字节,y 为双精度,占 8 字节。在赋值时也会按照变量 y 的类型进行转换,转换过程中从 4 字节"增肥"到 8 字节的小数并存到变量 y 中。

数据类型转换的方法有两种,一种是自动转换,另一种是强制转换。自动转换即当不同类型的数据进行混合运算时,编译系统将按照一定的规则自动完成。强制类型转换则是程序员通过编程强制转换数据的类型。

一、默认转换

当参与运算的数据的类型不同时,编译系统会自动先将它们转换成同一类型,再进行运算。自动实行低级别类型向高级别类型转换,short, char → int → long → float → double。转换的基本规则是"按数据长度增加的方向进行转换",以保证精度不降低以及保证数据不丢失(图 2-9)。例如，int 型数据和 long 型数据进行相加或相减运算时，系统会先将 int 型数据转换成 long 型，再进行运算。这样运算结果的精度不会降低，数据不会丢失，从而保证运算的正确性。

示例 2-10 默认转换。

```
#include <stdio.h>
int main()
{
   int   i = 17;
   char c = 'c';  /* ASCII 值是 99 */
   int sum;

   sum = i + c;// 不同类型的数据相加，char 是一种特殊的短整型

   printf("Value of sum : %d\n", sum );

   return 0;
}
```

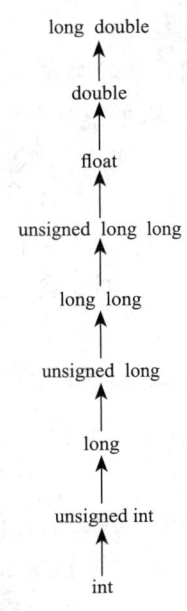

图 2-9 转换的基本规则

执行 i+c 时类型不同，此时系统首先进行整数提升，将字符类型提升为整型，然后参与计算。

对于同一数据类型，分为有符号和无符号。无符号表示的类型级别更高。这表示有符号整型和无符号整型混合运算时，有符号型要转换成无符号型，运算的结果是无符号的。

示例 2-11 有符号型与无符号型转换。

```
#include <stdio.h>
int main()
{
   int a = -10;
   unsigned b = 5;

   if ((a+b) > 0)// 可在这里加断点，监视 a+b 的值。
   {
      printf("Hello\n");
   }

   return 0;
}
```

> 按照数学理解,a+b 结果应该为 −5,这个结果不大于 0,程序应该不输出。但是这里由于是无符号类型,运算结果为无符号,结果为真,条件成立,所以要输出"Hello"。因此,编程时特别要注意数据类型的定义。
>
> 当学习 if 语句后,可以回头再看该程序的执行。在调试时,可以加断点,跟踪查看 a+b 的值究竟是什么。
>
> **对比实验**:将"unsigned b=5;"改为"int b=5;",查看运行结果有没有不同。

二、强制转换

强制类型转换是将大类型转换到小类型,或解释为"将大水桶中的水倒入小水桶中"。有可能装得下("大水桶水少"),但有可能装不下("大水桶是满的"),所以可能会有精度损失,一般不建议这样使用。

强制类型转换格式如下:

目标数据类型 变量名 = (目标数据类型) (被转换的数据);

示例 2-12 强制类型转换。

```
#include <stdio.h>
int main()
{
    int sum = 17, count = 5;
    double mean;

    mean = (double) sum / count;
    printf("Value of mean : %f\n", mean );
    return 0;
}
```

"(double) sum / count;"通过使用强制类型转换运算符将 sum 强转为 double 类型,再进行除法运算,得到一个浮点数。

在调试该程序时,可以对比不使用强制转换和使用强制转换的区别,思考为什么是这样的结果。

类型转换也经常发生在赋值语句中。在赋值运算中,当赋值号两边的数据类型不同时,右边的类型会转换为左边的类型,再赋给左边。如果右边数据类型的长度比左边长,那么将会丢失数据,这样就会降低精度,所以编译器在编译时常出现警告提示。

示例 2-13 类型转换。

```
#include <stdio.h>
void main()
{
```

```
char b=130;  // 整型给字符型
printf("%d",b);
return 0;
}
```

编译运行程序并观察结果,将发现程序运行结果为 -126。这个不可思议的值是在赋值进行数据类型转换过程中造成的。

求解过程:

130 为整型,二进制编码为 00000000000000000000000010000010。计算机中以补码形式存在,最高位代表符号位。当执行"char b=130;"语句时,转换为字符型,字符只有 1 字节,所以完成截断操作,保留低 8 位。结果为:

| 1 | 0 | 0 | 0 | 0 | 0 | 1 | 0 |

根据补码求反码,符号位是 1,代表负数,符号位不变,补码值减 1,结果为:

| 1 | 0 | 0 | 0 | 0 | 0 | 0 | 1 |

根据反码求原码:

| 1 | 1 | 1 | 1 | 1 | 1 | 1 | 0 |

符号位为 1,数据位为 1111110,转换为十进制即 -126。

为负数时原、反、补运算规则如下:

反码——原码的符号位不变,数据位取反,即 0 变成 1,1 变成 0。

补码——符号位不变,反码值加 1。

注意: 在进行计算或赋值运算时,一定要注意数据的一致性,检查数据是否存在溢出的问题。数据溢出将导致数据错误。

本 章 小 结

(1) 注意不同数据类型的编码规则,特别注意字符采用 ASCII 编码。
(2) 注意变量的命名规则和可读性。
(3) 数据运算时,注意数据类型的一致性和转换规则,特别注意数据的溢出。
(4) 注意常量的工程应用,提高程序可维护性。

练 习 题

一、选择题

1. 已知 ch 是字符型变量,下面赋值语句不正确的是(   )。
   A. ch='\0'   B. ch="a"   C. ch='7'+'9'   D. ch=7+9

2. C语言中字符型(char)数据在内存中是以（　　）形式存储的。
   A. 原码　　　　　B. 补码　　　　　C. 反码　　　　　D. ASCII 码
3. 设变量 a 是 int 型，f 是 float 型，i 是 double 型，则表达式 "10+'a'+i*f" 值的数据类型为（　　）。
   A. int　　　　　B. float　　　　　C. double　　　　　D. 不确定
4. 语句 "char c1='a'; c2='b'; c3='c'; // 连续定义变量" 是否正确（　　）。
   A. 对　　　　　B. 错
5. "char c;" 定义了一个字符变量，下面为字符变量进行赋值中正确的是（　　）。
   A. c='97'　　　　B. c="97"　　　　C. c=97　　　　D. c="a"
6. 下列定义字符变量的语句中错误的是（　　）。
   A. char c='a';　　　B. char c='\n';　　　C. char c="a";

二、编程题

1. 分别定义 int 和 short 类型的变量，并计算它们的存储空间大小（字节）。
2. 输入一个大写字母，转换成小写字母输出。
3. 按字符 5 和字符 1 中的数字面值进行求和，即实现 5+1=6 的效果，编程实现。
4. 给定 PI 的值为 3.141 592 6，并给定半径为 2，求圆的周长（保留 2 位小数）。
5. 利用 VS 工具编写程序，实现教材中的所有程序，并练习快捷键和调试。

三、分析简答题

1. 在 VC++ 6.0 环境中，字符变量能存汉字吗？
2. 分析如下程序代码，解释这些代码的意义。

```
#include <stdio.h>
int main()
{
    printf("%d\n",'\0');
    printf("%d\n",'0');
    printf("%d",0);
    return 0;
}
```

3. 简述 'a' 和 "a" 的区别。
4. 简述 '5' 和 5 的区别。如何实现将 '5' 变成 5？如何实现将 5 变成 '5'？
5. 分析如下程序代码，解释程序要实现的功能。你认为哪种程序更好？为什么？

```
#include "stdio.h"
void  main()
{
    double a;
    int b = 2;
```

```
    a = 3.1415*b*b
    printf("%f", a);
}


#include "stdio.h"
#define PI 3.1415926
void  main()
{
    double cicleArea;
    int  r = 2;
    cicleArea = PI*r*r;
    printf("circle area is %.2f", cicleArea);
}
```

6. 分析如下程序代码，请写出结果。

```
#include <stdio.h>
void main()
{
    char b = (char)130;
    printf("%d",b);
}
```

7. 判断下面的语句是否正确。

```
const int b = 5;
b = 1;
```

8. 运行以下程序，找出变量使用时出现错误的原因。

```
void main()
{
    int age,int b;// 一行定义多个变量

    Age = 10;// 用大写的方式为变量赋值
}


void main()
{
    printf("these values are:\n");// 在可执行语句后定义变量

    int x = y = 3.6;// 同时对多个变量赋值
```

```c
    printf("x = %d",x);
    printf("y = %d",y);
    printf("z = %d",z);
}
```

第三章

万丈高楼平地起
——运算符与表达式

通过数据类型完成变量定义,在内存中开辟内存空间,再利用赋值符号"="或输入输出函数给变量赋值后,接下来的任务就是如何使用这些数据来进行运算。程序是对各种数据的操作。对不同数据的操作,C 语言提供了对应的运算符。使用运算符把操作数结合起来形成的式子,称为表达式。如果在表达式后加上分号,就变成程序语句。正如上一章所提到的,运算符与表达式是类似字词的基本元素,为编写程序语句服务。

运算符是一种告诉编译器执行特定的数学或逻辑操作的符号。C 语言内置了丰富的运算符,主要使用的运算符包括算术运算符、关系运算符、逻辑运算符、赋值运算符。根据运算符可操作的操作数的个数,可把运算符分为一元运算符、二元运算符和多元运算符(一般为三元)。

第一节 用发展的眼光看算术运算符

算术运算符是大家最熟悉的运算符,用于进行各种数学运算。借助对数学运算的理解可以很好地理解算术运算符的使用。虽然计算机领域的算术运算符与数学运算符号有的形式是一样的,但是要注意两者运算规则的区别。

运算符和表达式

运算符的应用

以下示例说明了算术运算符的使用规则。

示例 3-1

运算符	描述	示例程序
+	两个操作数相加	```#include <stdio.h>
int main()
{
int a = 21;
int b = 10;
int c ;
c = a + b;
printf("%d+%d=%d\n",a,b,c);
c = a - b;
printf("%d-%d=%d\n ",a,b,c);
c = a * b;
printf("%d*%d=%d\n ",a,b,c);
c = a / b;```
-	从第一个操作数中减去第二个操作数	
*	两个操作数相乘	
/	分子除以分母	

续表

运算符	描述	示例程序

%	取模运算符,整除后的余数	`printf("%d/%d=%d\n",a,b,c);`
		`c = a % b;`
		`printf("%d%%%d=%d\n",a,b,c);`

++	自增运算符,整数值增加 1	`c = a++;   // 赋值后再加 1`
		`printf("a++ 后 c=%d a=%d\n",c,a);`
		`c = a--;   // 赋值后再减 1`

--	自减运算符,整数值减少 1	`printf("a-- 后 c=%d a=%d\n",c,a);` `}`

程序分析:

+ 运算时　　　c=21+10,c=31;
- 运算时　　　c=21-10,c=11;
* 运算时　　　c=21*10,c=210;
/ 运算时　　　c=21/10,**特别注意"/"在这里为取整运算,故 c 为 2,而不是 2.1;**
% 运算时　　　c=21%10,表示取余数,21 除以 10,余数为 1,即 c=1;
c = a++;　　　由于是后加加,该语句实际含义是"c=a; a=a+1;",故 c 为 21,a 为 22;
c = a--;　　　由于是后减减,该语句实际含义是"c=a; a=a-1;",故 c 为 22,a 为 21。

上面运算符的使用过程中需要注意其规则:

当运算符 / 的操作数(被除数和除数)均为整数时,结果为取商(取整)。例如,16/5 的结果为两数相除的商 3。当运算符 / 的操作数中有一个或两个浮点数时,结果与数学中的除法运算相同,包含整数部分和小数部分。例如,8/2.5 的结果为 3.2。

当运算符%的操作数(被除数和除数)均为整数时,结果为取余。运算符%的两操作数都必须为整数,否则将出现语法错误。例如,16%5 的结果为两数相除的余数 1。当运算符%的操作数中有一个或两个浮点数时,将出现语法错误。例如,8%2.5 存在语法错误。

> **注意:** 放于定界符(单引号、双引号)中的运算符和表达式不是运算符号表达式,而是代表字符或字符串常量。例如,'+','-'表示字符常量,"3+5="表示字符串常量,不能进行运算。另外,在算术运算过程中数据类型可能不一致,按上一章的分析,会自动向字节占用多、精度高的高级别类型转换。

在程序设计中,经常使用求商和求余数运算规则分解整数的各位数字。例如,分解十进制整数 123 的个位、十位和百位数字,可以有多种不同的分解方案,下面是其中一种方案。

123%10　　　获得个位 3;
123/10　　　获得新数值 12;
12%10　　　获得十位 2;
12/10　　　获得新数值 1;
1%10　　　获得百位 1;

1/10　　　　获得新数值 0,0 表示已经分解完毕。

示例 3-2

```
void main()
{
    int a = 123;    // 要分解的数据
    int b,c,d;

b=a%10;    // 取个位
    a = a/10;
    c = a%10;    // 取十位

    a = a/10;
    d = a%10;    // 取百位

    printf("%d include data is %d,%d,%d",a,b,c,d);
}
```

上述程序体现了一种重复的思想。在学习循环后,可简化此程序。

自增量运算符 ++ 和 -- 均有两种使用形式,即 ++a, a++ 及 --a, a--,也称前缀形式和后缀形式。如 ++ 或 -- 在变量前,运算时先完成变量自身的加 1 或减 1,然后再用变量参与运算;如 ++ 或 -- 在变量后,运算时先让变量参与其他运算,完成后才进行变量自身的加 1 或减 1。

示例 3-3

```
#include <stdio.h>
int main()
{
    int a = 21;
    int b = 10;
    int c ;

    c = a + b;
    printf("%d+%d=%d\n",a,b,c);

    c = a - b;
    printf("%d-%d=%d\n",a,b,c);

    c = a * b;
    printf("%d*%d=%d\n",a,b,c);

    c = a / b;
```

```
    printf("%d/%d=%d\n",a,b,c);

    c = a % b;
    printf("%d%%%d=%d\n",a,b,c);

    c = ++a;    // 赋值后再加 1
    printf("++a 后 c=%d a=%d\n",c,a);

    c = --a;    // 赋值后再减 1
    printf("--a 后 c=%d a=%d\n",c,a);
}
```

"c = ++a;"等价于"a=a+1; c=a;",如果 a 的初始值为 21,则执行后的结果为 a=22,c=22。
"c = --a;"等价于"a=a-1; c=a;",如果 a 的初始值为 21,则执行后的结果为 a=20,c=20。

第二节　机器人的逻辑——逻辑运算符

关系运算
与逻辑运算

计算机也称机器人,它的语言依靠电信号。电信号只有高低电平之分,故只有两种数据——成立和不成立。成立称为逻辑真,不成立称为逻辑假。与算术运算符不同,算术运算符的操作数可以有无数个,而逻辑运算符的操作数只有两个,即真或假。逻辑运算符的操作数只能由逻辑值来充当。

编程时常用 0 表示逻辑假,1 表示逻辑真。实际上,非 0 都表示逻辑真。在实际编程时,逻辑值往往由后面将介绍的关系运算结果提供,所以这里只需要关心逻辑运算的运算符是什么、运算规则是什么。逻辑运算符常与关系运算符联合使用。

逻辑运算符主要包括逻辑与 &、逻辑或 |、逻辑非 !。利用逻辑运算符操作逻辑值,运算结果仍然是逻辑值。

以下示例说明了逻辑运算符的使用规则。

示例 3-4

运算符	描　　述	示例程序

&
逻辑与
	如果两个操作数都非零(真),则结果为真	`#include <stdio.h>`
		`int main()`
		`{`
		`    int a = 0;`
		`    int b = 10;`
		`    a = 0;`
		`    b = 10;`

ǀǀ 逻辑或	两个操作数中有任意一个非零(假),则结果为真	

续表

运算符	描述	示例程序
! 逻辑非	如果条件为真,则逻辑非运算符将使其变为假;如果条件为假,则逻辑非运算符将使其变为真	```if(a & b)
{
printf("a & b 条件为真 \n");
}
else
{
printf("a & b 条件不为真 \n");
}
if(!(a & b))
{
printf("!(a & b) 条件为真 \n");
}```

示例 3-4 的运行结果为:

a & b 条件不为真
!(a & b) 条件为真

示例 3-4 中,a 等于 0 表示假,b 等于 10 表示真。按照逻辑与 & 的运算规则,运算结果为假;而用逻辑非 ! 运算后,结果变为相反,为真。

这个例子只是针对其运算规则来理解,实际中很少直接这样编程,都是结合关系表达式来提供逻辑值,完成逻辑运算。

逻辑与 & 的运算规则相当于一个串联电路,在该电路上有两盏灯,每盏灯的状态为"好"或"坏"。当两盏灯的状态都是"好"时,电路正常,即在逻辑与运算中两个逻辑值为真,运算结果才为真;当两盏灯中有一盏的状态是"坏"时,电路异常,即两个逻辑值只要有一个是假,则运算结果为假。

逻辑或 || 的运算规则可以结合并联电路进行理解,即只有两个逻辑值都为假时运算结果才为假,否则都为真。

逻辑与包含两个 & 符号(即 &&)时,称为短路与。如 && 左边的操作数已是逻辑假,则右边的表达式不需要再判断,整个运算结果就是假。

示例 3-5

```
#include <stdio.h>
void main()
{
    int x = 3;
    int y = 4;

    (++x == 3) && (y++ == 4);

    printf("x:%d\n",x);
    printf("y:%d",y);
}
```

程序分析：

首先执行"(++x == 3)"，在该表达式中，++ 是前加加，所以先执行"x=x+1"，x 变为 4，然后比较"4==3"，结果为假。由于程序中是 && 运算，在它的左边数据已经是假的情况下，右边表达式不再计算，即短路与，所以 x 为 4，y 值不变，仍然为 4。

逻辑或的短路运算与之相似，即在运算符 || 的左边为真的情况下，右边的值不影响运算结果，右边表达式不会参与运算，程序直接跳过。

第三节 关系运算符

关系运算的本质是比较运算。C 语言提供 >（大于）、>=（大于等于）、<（小于）、<=（小于等于）、==（等于）和 !=（不等于）6 种二元关系运算符。关系运算符的运算结果是逻辑值，即真或假。关系运算结果用于逻辑运算。

以下示例说明了关系运算符的使用规则。

示例 3-6

运算符	描述	示例程序
==	判断两个操作数是否相等，如果相等则条件表达式为真	```#include<stdio.h>
int main()
{
int a=0,b=1,c;
c=(a>=b)||(b++>1);
printf("a=%d,b=%d,c=%d\n",a,b,c);
return 0;
}```
!=	判断两个操作数是否相等，如果不相等则条件表达式为真	
>	判断左操作数是否大于右操作数，如果是则条件表达式为真	
<	判断左操作数是否小于右操作数，如果是则条件表达式为真	
>=	判断左操作数是否大于或等于右操作数，如果是则条件表达式为真	
<=	判断左操作数是否小于或等于右操作数，如果是则条件表达式为真	

程序分析：

首先，由于 0 大于 1 不成立，所以 a>=b 为假，其值为 0，逻辑或 || 不会发生"短路"。然后，计算逻辑或 || 的右操作数 b++>1，由于是后缀加 1，故先取 b 的原值 1 与 1 比较大小。由于 1>1 为假，故逻辑或 || 的右操作数也为假，假 || 假的运算结果也为假，故 c 的值为 0。由于执行了一次 b++ 运算，故 b 自身的值增 1，变为 2。

示例 3-6 的运行结果为：

a=0,b=2, c=0

第四节 赋值运算符

变量要有值,首先必须进行赋值运算。赋值操作是程序设计中的常用操作之一,主要包含基本赋值运算符 = 以及复合赋值运算符 +=（加赋值）、-=（减赋值）、*=（乘赋值）、/=（除赋值）、%=（求余数赋值）。

  a+= 右边表达式； 等价于 a=a+（整个右边表达式）；
  a-= 右边表达式； 等价于 a=a-（整个右边表达式）；
  a*= 右边表达式； 等价于 a=a*（整个右边表达式）；
  a/= 右边表达式； 等价于 a=a/（整个右边表达式）；

需要注意赋值主要做的是复制操作,还要注意复合赋值的运算规则。

特别注意: = 表示赋值,而不是等号,表示"等于"的运算符是关系运算符 ==。

示例 3-7

```c
#include<stdio.h>
int main()
{
    int a=1,b=2,c=3;   // 定义 3 个整型变量,并初始化
    float d=10.2f;   // 定义 float 变量 d,用浮点常量 10.2 初始化
    a+=1;   // 相当于 a=a+1,即 a=2
    b-=a+5;
    c*=a-4;
    printf ("%d,%d,%d,%f",a,b,c,d/=a);
    return 0;
}
```

程序分析：

（1）对于"float d=10.2f;",如果改为"float d=10.2;",虽没有语法错误,可以正常运行,但一般编译器会提示 warning（警告）,原因是编译器会将 10.2 等常量默认成 double 型常量,与 d 的类型 float 不一致,故出现警告。因此,可通过加"f"明确 10.2 为 float 型常量。

（2）"a+=1;"相当于"a=a+1;",求出 a=2。

（3）"b-=a+5;"相当于"b=b-(a+5);",即 b=2-(2+5),得 b=-5。同理,"c*=a-4;"即 c=3*(2-4),得 c=-60。

（4）对于"printf("%d,%d,%d,%f",a,b,c,d/=a);",由于输出列表中 a,b 和 c 均为 int 型变量,故输出格式占位符均为 %d；输出列表中第 4 项为表达式,其值为 d=d/a,即 10.2f/2=5.1,为浮点类型,输出格式占位符为 %f。

示例 3-7 的运行结果为：

      2,-5,-6,5.100000

第五节　其他常用运算符

以下示例说明了 C 语言中其他常用运算符的使用规则。

示例 3-8

运算符	描述	示例程序
sizeof()	返回变量的大小	```#include <stdio.h>
int main()
{
    int a = 4;
    short b;
    double c;
    int* ptr;

    /* sizeof 运算符示例 */
    printf("Line 1 - 变量 a 的大小 = %lu\n", sizeof(a));

    /* & 和 * 运算符示例 */
    ptr = &a;   /* 'ptr' 现在包含 'a' 的地址 */
    printf("a 的值是 %d\n", a);
    printf("*ptr 是 %d\n", *ptr);

    /* 三元运算符示例 */
    a = 10;
    b = (a == 1) ? 20: 30;
    printf("b 的值是 %d\n", b);

    b = (a == 10) ? 20: 30;
    printf("b 的值是 %d\n", b);

    return 0;
}``` |
&	返回变量的地址	
*	指向一个变量	
?:	条件表达式	

程序分析：

sizeof 运算符用于求变量在内存中所占内存空间的大小。对于 sizeof(a)，由于 a 是整型，所以占用 4 个字节（64 位机）。

& 表示求某个变量的地址，如后面学习的 scanf 函数。&a 表示求变量 a 是内存中哪个位置的内存空间。

* 表示求某个内存地址中的数据，这在后面章节会再次介绍。ptr = &a 表示 ptr 存的是变量 a 的地址，而 *ptr 表示通过 ptr 找到 a 的内存地址，然后取出内存地址中的数据，在此段程序中即 4。（目前读者可跳过该部分，在后面介绍指针部分再涉及此内容。）

?: 运算符的运算方式是：先判断问号前面的条件表达式的逻辑值，如果逻辑值为真则结果是问号后第一个表达式的运算结果，如果逻辑值为假则结果是冒号 : 后表达式的运算结果。

示例 3-9　获取两个整数中的最大值。

```c
#include <stdio.h>
void main()
```

```
{
    int x = 100;
    int y = 200;

    int max = (x > y? x: y);
    printf("max:%d",max);
}
```

程序分析：

对于 x > y? x: y，如果 x 比 y 大，则运算结果为 x。由于 100 不大于 200，所以条件不成立，运算结果为 y。

示例 3-9 的运行结果为：

$$max=200$$

第六节 运算符的运算规则

在完成相关计算时，表达式中可能包含多种不同运算符，同一种类的运算符也可能包含多个不同的符号，这时表达式将如何运算呢？为此需要了解运算符的如下运算规则，见表 3-1。

表 3-1 运算符的运算规则

类　别	运算符
后　缀	() 具有最高优先级 [] 数组的索引运算符（后文将介绍） -> 指针运算符（后文将介绍） . 结构体访问运算符（后文将介绍）
一　元	++ 自增 -- 自减 sizeof 求变量内存空间大小
乘　除	* / %
加　减	+ -
关　系	< <= > >=
相　等	== !=
逻辑与	&&
逻辑或	||
条　件	?:
赋　值	= += -= *= /= %=

表 3-1 中，运算符的优先级自上而下逐渐降低。

在实际使用中,常利用括号的最高优先级来体现先算什么、再算什么,从而提高代码的可读性。这是一个非常重要的编程规范。

例如,程序语句"c=!a||++b&&a--;",按照表3-1中的优先级,首先算!a,然后算++b和a--,再算&&,之后算||,最后完成赋值运算。

实际程序会按这样的语句来编写吗?编写程序的目的一方面是完成功能,另一方面还需要让代码具有较强的可读性,以便于程序员看懂代码。因为往往难以记住运算规则,这个程序很难看懂,所以实际编程时常采用加括号的方式来提高程序可读性,这样很容易就知道先算什么、再算什么。

修改后的语句为"c=(!a)||((++b)&&(a--));",这样程序可读性将明显增强。

本章小结

"不以规矩,不能成方圆。"计算机的重要任务是完成各种运算,这就需要编程人员掌握它提供了哪些运算,每种运算有哪些运算符,这些运算符的运算规则是什么。

在算术运算中,应特别注意整除运算和求余数运算,掌握++前后的不同;在逻辑运算中,应掌握其运算规则,特别注意短路情况对程序的影响;在关系运算中,应特别注意==和赋值=的区别,应用发展的眼光来学习新知识,而不应被原来的数学规则束缚。在条件判断"等"时,不要将==习惯性地写成=。

由于运算符多,运算规则多,很难清楚记住各种运算的先后顺序,为提高代码的可读性,应注意尽量加入括号来指明执行的先后。

练 习 题

一、选择题

1. 在C语言程序中,若有变量int x=1234,则表达式1234/1000*1000的结果为( )。
   A. 1234   B. 1000

2. 求三角形面积公式中,设三边分别为a,b和c,需要先计算三边和的一半,则编写程序时使用语句"s=1/2*(a+b+c);"是否正确。( )
   A. 正确   B. 不正确

3. 在main函数中,执行"int x=10; x-=x+x;"后,x的值是( )。
   A. -20   B. -10   C. 0   D. 10

二、简答题

1. 三角形三边的边长分别为3,4和5,如果要求这个三角形三边边长的一半,分析下面的代码是否正确。

   void mian()

```
{
int a,b,c;   // 三边长
double d;    // 周长的一半
d=1/2(a+b+c);
}
```

2. 阅读代码并给出输出结果。

```
void main()
{
printf("%d",10++);
}
```

3. 阅读代码并给出输出结果。

```
void main()
{
// 定义两个变量
int a = 3;
int b = 4;
int c = a++;
int d = b--;

println("a:%d",a);
println("b:%d",b);
println("c:%d",c);
println("d:%d",d);
}
```

4. 阅读代码并给出输出结果。

```
void main()
{
// 定义两个变量
int a = 3;
int b = 4;
int c = ++a;
int d = --b

println("a:%d",a);
println("b:%d",b);
println("c:%d",c);
println("d:%d",d);
}
```

5. 分析下面两程序并给出运算结果。

提示：if 表示如果，如果括号表达式的条件成立就执行花括号中的语句。

程序 1：

```c
int x=0;
int y=-1;
if(x==y)
{
    printf("y<0\n");
}
```

程序 2：
```c
int x=0;
int y=-1;
if(x=y)
{
    printf("y<0\n");
}
```

6. 分析语句"c=a>=b||b++>1;"的执行顺序。为提高该代码的可读性，在不改变执行顺序的前提下重写该语句。

7. 分析以下程序的运行结果。

```c
#include <stdio.h>
void main()
{
    int x = 3;
    int y = 4;

    (x++ == 3) && (y++ == 4);

    printf("x:%d\n",x);
    printf("y:%d",y);
}
```

8. 分析以下代码的运行结果，并介绍其运算过程及运算规则。

```c
void main()
{
    double pi=3.14;
    int s,r=1;
    s=r*r*pi;
```

```
printf("s=%d",s);
}
```

9. 若有变量 int x=1234, 则表达式 x/1000*1000 的结果是多少?

10. 若有 double a=3,b=4,c-5, 则表达式（a+b+c）/2 与 1/2*(a+b+c) 是否相同？

11. 若有定义 int x=1, 则执行 x-=x+x 后, x 的值变为多少？

三、编程题

输入任意一个三位数, 编写程序求逆序数。例如, 输入 123, 得到 321。

第四章 以人为本
——基本输入输出函数

按照冯·诺依曼结构的工作原理,程序首先要完成输入,然后进行处理,最后进行输出。输入输出在程序运行中扮演着人机交互的作用。

根据数据类型完成变量定义后,需要按照程序的需求给变量放入一些有意义的数据。上一章中通过基本赋值运算符=进行赋值,完成输入操作,但这种赋值语句是硬编码,输入值在程序运行中不能改变,不能进行有效的人机交互。为提供更好的人机交互体验,实现人性化的输入输出,C语言提供了输入输出函数。

第一节 人性化的输出函数 printf

输出 printf 函数

软件开发的目的是以用户为中心,用户至上,设计时体现以人为本的思想,让用户有更好的用户体验。这样,输入和输出的用户界面设计就尤为重要。

输出函数 printf 是系统提供的函数,可将程序运行的结果输出到屏幕上。该函数包含在头文件 stdio.h 中。使用时,首先需要使用"#include <stdio.h>"语句加载该函数。

输出函数 printf 主要有以下几种使用方式。

- printf(" 字符串 \n");

示例 4-1

```
#include <stdio.h>
int main()
{
    printf("Hello World!\n");   // \n,转义符,表示换行
    return 0;
}
```

该程序实现的功能是将字符串内容输出到屏幕上。使用 printf 时,语句中的双引号和

后面的分号必须在英文输入法下输入。双引号内的字符串内容才可以包含中文。

该程序将双引号内的内容"Hello World!"输出,然后换行。

- printf(" 输出控制符 1 输出控制符 2 …", 输出参数 1, 输出参数 2, …);

这里的控制符用于控制数据输出的格式,也可以理解为控制数据的输出方式。常用的控制符包括 %c, %d, %f, %lf 和 %s,放在引号中起占位置的作用。其中,%c 表示把一个数据按照字符的方式输出,%d 表示把一个数据按照整型的格式输出,%f 表示把一个数据按照小数的格式输出,%lf 表示把一个数据按照双精度小数的格式输出,%s 表示输出字符串。

输出参数与控制符一一对应,输出参数 1 对应输出控制符 1,表示输出参数 1 的数据按照输出控制符 1 的要求进行输出。

示例 4-2

```
#include <stdio.h>
int main()
{
    int i = 10;
    int j = 3;
    printf("%d %d\n", i, j);  // 占两个位置,两个位置都显示整数,分别是 i,j 的值
    return 0;
}
```

程序执行的结果是在屏幕上输出"10 3"。显然,该程序的执行结果不够人性化。10 是什么?3 是什么?用户无法理解。

这里介绍 printf 的一个特性,即 printf 中双引号内除输出控制符和转义字符外,所有其余普通字符全部原样输出。利用这个特性可对上述程序进行改造。

示例 4-3

```
#include <stdio.h>
int main()
{
    int i = 10;
    int j = 3;
    printf("i=%d,j=%d\n", i, j);
    return 0;
}
```

程序执行的结果是在屏幕上输出"i=10,j=3"。这样程序的输出结果更加人性化。人性化设计在软件开发中是一种非常重要的思想。

第二节 拒绝硬编码的输入函数 scanf

输入 scanf 函数

示例 4-4

```
#include <stdio.h>
int main()
{
    int i;
    i = 10;   // 赋值输入
    printf("i = %d\n", i);
    return 0;
}
```

上述程序中,"i = 10;"实现了一个硬编码。这个输入被写"死"了,输入不能改变,每次程序执行时都是这个输入值,显然不够灵活,不能满足用户与计算机互动的需求。C 语言提供了 scanf 函数来解决用户与计算机的实时交互问题。

scanf 函数的功能是通过键盘给程序中的变量赋值。这是一种具有良好人机交互的赋值方式。与 printf 函数一样,scanf 函数也包含在 stdio.h 头文件中,使用前需要使用包含指令"#include <stdio.h>"。

scanf 函数的使用方式如下:

scanf(" 输入控制符 ", 输入参数);

其将从键盘输入的字符转化为"输入控制符"所规定格式的数据,然后存入以"输入参数"为地址的变量中。

示例 4-5

```
#include <stdio.h>
int main()
{
    int i,j;
    scanf("%d %d", &i,&j);    //&i 表示变量 i 的地址,& 是取地址符
    printf("i = %d,j=%d\n", i,j);
    return 0;
}
```

语句"scanf("%d", &i);"在执行时,会等待用户按照输入控制符的要求输入一个数据并赋给变量 i。注意取地址符 & 不能漏掉,很多初学者经常忘记! 输入回车后,程序再继续执行后边的语句。

运行示例 4-5 程序会出现图 4-1 所示的界面。

图 4-1　示例 4-5 运行界面

对于图 4-1 所示的界面,编写程序人员知道需要给变量 i 和 j 赋值了。但是,程序是交给用户使用的,而用户并不知道程序是怎样编写的,所以当用户看到这个界面时将不知所措,不知道该做什么。这种情况的出现,就是常说的人机交互设计不到位。

为提高程序的可交互性,可将 scanf 和 printf 配合使用,在输入前通过 printf 输出一些信息,告诉用户应该怎样输入数据。

示例 4-6

```
#include <stdio.h>
int main()
{
    int i, j;
    printf("请输入两个值,中间以空格分隔:");
    scanf("%d%d", &i, &j);
    printf("i = %d, j = %d\n", i, j);
    return 0;
}
```

运行示例 4-6 程序会出现图 4-2 所示的界面。这样在程序执行时,用户可知道序要输入两个值,且中间用空格隔开。这样的程序明显会更人性化,也保证了数据输入的正确性。

图 4-2　示例 4-6 运行界面

示例 4-6 中的 %d%d,表示在接收数据时遇到空格会自动跳过,然后接收数据。

初学者遇到 scanf 时,常出现的问题是不知道怎么输入。请记住一句话,"依葫芦画瓢",即 scanf 的引号中是什么就输入什么。

示例 4-7

```
#include <stdio.h>
int main()
{
```

```
    int i, j;
    printf(" 请输入两个值i,j: ");
    scanf("%d,%d", &i, &j);    //scanf中用两逗号隔开
    printf("i = %d, j = %d\n", i, j);
    return 0;
}
```

示例4-7的运行界面如图4-3所示。"scanf("%d,%d", &i, &j);"中用逗号分隔两个占位符,所以输入数据时也用逗号。

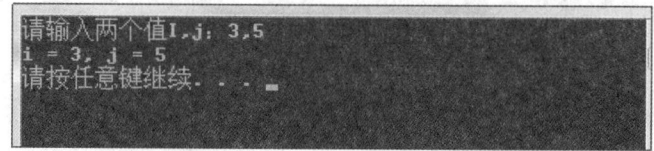

图4-3　示例4-7运行界面

程序要体现与用户的交互性,如示例4-7中的"printf("i = %d, j = %d\n", i, j);"会显示"i=3,j=5",用户一目了然。那么,scanf可以按照这种方式来编写吗?

示例4-8

```
#include <stdio.h>
int main()
{
    int i, j;
    printf(" 请输入两个值,例: i=3,j=5\n");
    scanf("i=%d,j=%d", &i, &j);    // 完全不推荐这样写
    printf("i = %d, j = %d\n", i, j);
    return 0;
}
```

按照前面所介绍的"依葫芦画瓢"的方法,这里的"葫芦"是i=%d, j=%d,运行界面如图4-4所示。这个"葫芦"是什么样,用户完全不知道。实际上是按照"printf(" 请输入两个值,例: i=3,j=5\n");"的运行结果进行人性化输出,告诉"葫芦"的样子,用户再按照它的提示进行输入。

图4-4　示例4-8运行界面

试想如果没有"printf(" 请输入两个值,例: i=3, j=5\n");"的提示,用户将很难输入正确。可以看出,这个"葫芦"越复杂,提示就越复杂,用户输入就越复杂,越复杂也就越容易出错。

编写程序时,scanf语句输入越简单越好。采用编程格式"scanf("%d%d", &i, &j);",输

入时用空格分隔,这种方式是较好的选择。

总之,人性化体现在输出上,是在 printf 中构造人性化的输出字符串,告诉用户该干什么,用户想看什么就在 printf 中构造什么。

无论如何输入,都要注意 scanf 中第一个占位符号与第一个参数对应,第二个占位符号与第二个参数对应,以此类推。

示例 4-9

```
#include <stdio.h>
int main()
{
    int i, j;
    printf("请输入两个值,例：3 5\n");
    scanf("%d%d", &i, &j);
    printf("i = %d, j = %d\n", i, j);
    return 0;
}
```

程序运行后,输入时输入"3 5",则 3 与 i 对应,5 与 j 对应。

第三节　字符与字符串的输入输出函数

对于字符和字符串,除使用函数 printf 和 scanf 外,C 语言还专门提供了针对它们的操作函数,即 getchar() 和 putchar(),gets() 和 puts()。建议字符和字符串的输入采用这两个专门的函数。

int getchar(void) 从屏幕读取下一个可用的字符,并把它返回为一个整数。该函数在同一时间内只会读取一个单一的字符。可以在循环内使用这个方法,以便从屏幕上读取多个字符。

int putchar(int c) 把字符输出到屏幕上并返回相同的字符。该函数在同一时间内只会输出一个单一的字符。可以在循环内使用这个方法,以便在屏幕上输出多个字符。

示例 4-10

```
#include <stdio.h>
int main()
{
char c;

    printf("Enter a value:");
    c = getchar();
```

```
    printf("\nYou entered:");
    putchar(c);
    printf("\n");

    return 0;
}
```

该程序实现获取一个字符,存入变量 c 中,并输出它的值。

gets() 和 puts() 函数专门用于字符串的输入和字符串的输出。

char *gets(char *s) 从标准输入流 stdin 读取一行到 s 所指向的缓冲区,直到遇到终止符或文件结束标志 EOF。

int puts(const char *s) 把字符串 s 和一个尾随的换行符写入标准输出流 stdout。

示例 4-11

```
#include <stdio.h>
int main()
{
    char str[100];    // 定义一个字符数组

    printf("Enter a value:");
    gets(str);    // 在光标处输入字符串并回车

    printf("\nYou entered:");
    puts(str);    // 输出该字符串
    return 0;
}
```

C 语言中用数组来实现字符串的操作,字符串就是字符数组,并用数组名来操作字符串。具体可参考后文字符串操作的内容。

第四节 将探究进行到底——scanf 字符输入问题

在使用 scanf 进行多个数据输入时,无论是一个一个地输入(用空格分隔),还是多个数据一次性输入,这两种输入方法的结果都一样。原因是从键盘输入的数据会被依次存入缓冲区,无论是数字还是字符都会被当成数据存进去。只有按回车键后,scanf 才会取数据,所取数据的个数取决于 scanf 中输入参数的个数。

需要注意的是,对于 %d,在接收缓冲区中的数据时,空格、回车、Tab 键都只是分隔符,不会被 scanf 当成数据取用。%d 遇到它们就跳过,取下一个数据。但是如果是 %c,则空格、回车、Tab 键都会被当成数据,提供给 scanf 取用。当使用 %c 进行数据获取时,往往会出现问题。

示例 4-12

```
#includ <stdio.h>
#include <stdlib.h>
int main()
{
    int a, c;
    char b;
    printf("input a");
    scanf("%d",&a);

    printf("\ninput b c\n");
    scanf("%c%d",&b, &c);

    printf("a = %d, b = %c, c = %d\n", a, b, c);
    system("pause");
    return 0;
}
```

输入方式：

1 回车

5 6 回车

程序本想输出 a=1,b=5,c=6,但实际输出却为 a=1,b= ,c=5。这是因为 1、回车、5、空格、6、回车，这些输入符号都进入缓冲区。当 scanf 执行时，首先取 1 给 %d，下一个是 %c，此时按照前面介绍的规则，直接将回车给 %c，当再遇到 %d 时就将 5 给 %d。实际上，这时缓冲区还有空格、6、回车三个数据。

如何解决这类问题呢？用 scanf 输入字符时，如何让变量接收到有意义的数据呢？

用 scanf 给多个变量赋值时，如果要给 %c 赋值，可在赋值前使用直接清空输入缓冲区来解决该类问题。清空缓冲区只需加一句 fflush(stdin) 即可。fflush 是包含在文件 stdio.h 中的函数。stdin 是"标准输入"的意思。std 即 standard（标准），in 即 input（输入），合起来就是标准输入。

fflush(stdin) 的功能是清空输入缓冲区。也就是在用 scanf 前，先清空输入缓冲区，把以往存在缓冲区中影响正常输入的数据清空。

示例 4-13

```
#include <stdio.h>
#include <stdlib.h>
int main()
{
    int a, c;
    char b;
```

```c
    printf("input a");
    scanf("%d",&a);

    fflush(stdin);    // 将前一个 scanf 输入的缓冲区全部清空

    printf("\ninput b,c\n");
    scanf("%c%d",&b, &c);   // 此时缓冲区是回车后录入的新数据 5、6、回车
    // 此时 %c 接收 5 并赋给变量 b, %d 遇到空格跳过, 将数据 6 赋给变量 c
    // 缓冲区只剩回车, 不处理
    printf("a = %d, b = %c, c = %d\n", a, b, c);

    system("pause");

    return 0;
}
```

另一种方式是在接收 %c 前用"while (getchar() != '\n');"来清空缓冲区。无论用户输入多少个无用的字符,最后都需要按回车结束,假设只能按一次回车。只要用户按回车,那么回车前的字符都会被 getchar() 取出来。只要 getchar() 取出的不是回车('\n'),那么就会一直取,直到将用户输入的无用字符全部取完为止。

示例 4-14

```c
#include <stdio.h>
#include <stdlib.h>
int main()
{
    int a, c;
    char b;
    printf("input a");
    scanf("%d",&a);

    // 将前一个 scanf 输入的缓冲区通过循环全部清空
    while(getchar()≠'\n')    // 表示只要字符不是回车就继续消除缓冲区字符
    {
        ;    // 空语句
    }

    printf("\ninput b,c\n");
    scanf("%c%d",&b, &c);   // 此时缓冲区是回车后录入的新数据 5、6、回车
    // 此时 %c 接收 5 并赋给变量 b, %d 遇到空格跳过, 将数据 6 赋给变量 c
    // 缓冲区只剩回车, 不处理
```

```
    printf("a = %d, b = %c, c = %d\n", a, b, c);

    system("pause");

    return 0;
}
```

第五节 学生信息管理系统中输入输出函数的应用

需求描述：要求程序能打开(读入)一个班级花名册,并能对学生信息进行添加、删除、修改、查询等。对一个班级的任何学生的操作最后都反映在保存在硬盘上的班级名册中。

学生信息管理系统整体业务活动图如图 4-5 所示。

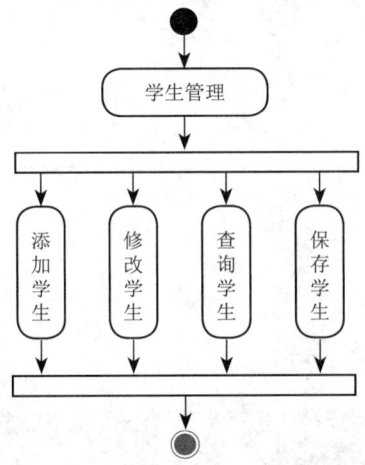

图 4-5 学生信息管理系统整体业务活动图

示例 4-15 欢迎界面设计(图 4-6)。

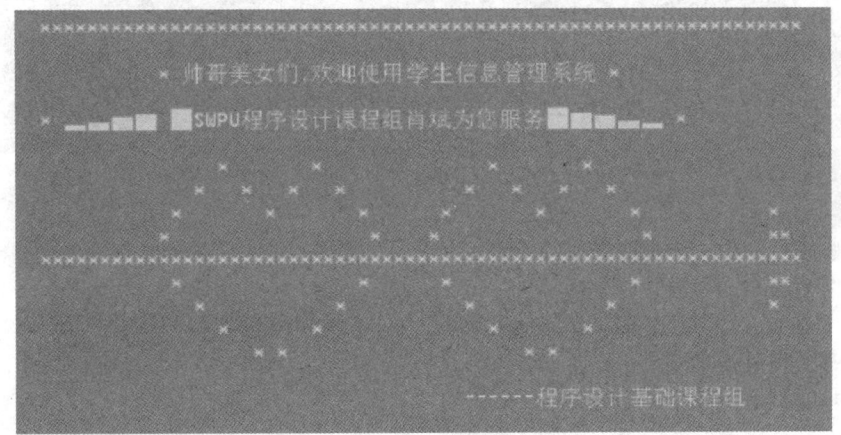

图 4-6 学生信息管理系统欢迎界面

```
#include <stdio.h>
void main()
{
    int menu_number;// 主菜单序号选择
    printf("\n\n\n");
    printf("\t**************************************************************\n\n");
    printf("\t           * 帅哥美女们，欢迎使用学生信息管理系统 *\n\n");
    printf("\t*     ▆▄  SWPU 程序设计课程组肖斌为您服务  ▆▄   *\n\n");
    printf("\t              *       *                *         *\n") ;
    printf("\t            *   *   *              *   *   *\n");
    printf("\t          *       *       *      *       *       *\n");
    printf("\t        *                 *    *                 **\n");
    printf("\t**************************************************************\n");
    printf("\t          *              *    *                *    **\n");
    printf("\t            *            *    *              *     *\n");
    printf("\t              *        *            *      * \n");
    printf("\t                  * *              * * \n");
    printf("\t                                  \n");
    printf("\t                                      ------ 程序设计基础课程组 ");
    printf("\n\n\n\t");
}
```

示例 4-16 主菜单设计（图 4-7）。

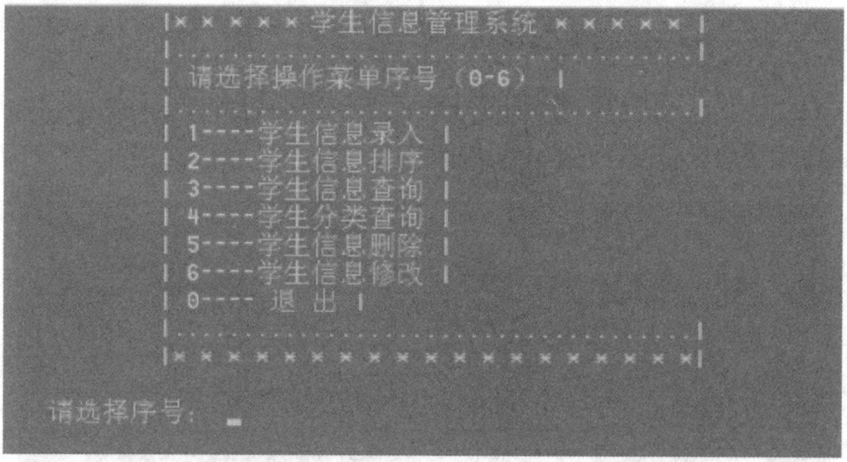

图 4-7 学生信息管理系统主界面

```
#include <stdio.h>
void main()
{
```

```
    int menu_number;// 主菜单序号选择
    // 进入系统主界面
    printf("\t\t|* * * * 学生信息管理系统 * * * * |\n");
    printf("\t\t|...................................|\n");
    printf("\t\t| 请选择操作菜单序号(0-6) |\n");
    printf("\t\t|...................................|\n");
    printf("\t\t| 1---- 学生信息录入 |\n");
    printf("\t\t| 2---- 学生信息排序 |\n");
    printf("\t\t| 3---- 学生信息查询 |\n");
    printf("\t\t| 4---- 学生分类查询 |\n");
    printf("\t\t| 5---- 学生信息删除 |\n");
    printf("\t\t| 6---- 学生信息修改 |\n");
    printf("\t\t| 0----  退 出  |\n");
    printf("\t\t|...................................|\n");
    printf("\t\t|* * * * * * * * * * * * * * * *|\n");

    printf("\n\t 请选择序号：");
    scanf("%d", &menu_number);
}
```

本章小结

printf 和 scanf 两个函数在人机交互中通过输入输出实现人性化的设计思想。学习这两个函数后，要理解格式占位符号的作用，并知道如何正确输入，同时应学会构造人性化输出。

这两个函数实际上有很多参数，让初学者无所适从。在初学时对此可以不予深究，在使用时注意查阅工具，用得多了自然就熟悉了。

练习题

一、选择题

1. 程序如下所示：

```
#include <stdio.h>
main()
{
 char c1,c2;
 c1='A'+'8'-'4';
```

```
        c2='A'+'8'-'5';
        printf("%c,%d\n",c1,c2);
}
```

该程序运行后的结果是（   ）。

A. E,68　　　　　B. D,69　　　　　C. E,D　　　　　D. 不一定

2. 程序如下所示：

```
main()
{
    int a=1,b=0;
    printf("a+b=%d",b=a+b);
    printf("2*b=%d",2*b);
}
```

执行该程序后，a+b 以及 b 的两倍的输出结果是（   ）。

A. 1,2　　　　　B. 0,0　　　　　C. 3,2　　　　　D. 不 1,0

二、简答题

1. 设 a，b 为字符型变量，执行 scanf("a=%c,b=%c", &a, &b) 后使 a 为 'A'，b 为 'B'，那么键盘上的正确输入是什么？请说明你的录入依据？

2. 分析如下程序是否正确。如不正确，应如何修改？

```
void main()
{
    int age;
    printf("please input your age:");
    scanf("%d",age);
    printf("your age  is %d",age);
}
```

3. 请分析如下想实现输入一名学生体重和身高的程序代码能否实现预期功能。体重是整数 60，身高是小数 1.7。

```
void main()
{
    int weight;
    float height;
    printf("please input your weight and height:");
    scanf("%d%d",age gender);
    printf("your weight is %d and height is %f",age,gender);
}
```

4. 有一输入年龄和性别的程序，其中 m 代表男，f 代表女。有人按如下代码实现：

```
void main()
```

```
{
    int age;
    char gender;
    printf("please input your age and gender:");
    scanf("%d%c",age gender);
    printf("your age  is %d and gender is %c",age,gender);
}
```

输入时使用：18 f

问可以实现显示"your age is 18 and gender is f"吗？如果让你来完成这个输出，你应该如何对代码进行修正，如何改变输入的方式？

5. 程序如下所示：

```
#include <stdio.h>
main()
{
    char c1,c2;
    c1='A'+'8'-'4';
    c2='A'+'8'-'5';
    printf("%c,%d\n",c1,c2);
}
```

该程序运行后的输出结果是什么？

6. 程序如下所示：

```
#include <stdio.h>
main()
{
    int a=1,b=0;
    printf("%d",b=a+b);
    printf("%d",a=a*b);
}
```

该程序运行后的输出结果是什么？

三、编程题

1. 键盘输入两个整数数据，对这两个数据求和并输出结果。

测试数据：

输入　　2 3

输出　　2+3=5

2. 编写程序，求一个物体从 100 米高空自由落下时前 3 秒内下落的垂直距离。设重力加速度为 10 米 / 秒。

3. 计算两个正整数的和、差、积、商并输出。题目保证输入和输出全部为整型。

4. 如一个人的标准体重是其身高(单位为厘米)减去 100 后再乘以 0.9 所得到的公斤数。已知市斤数值是公斤数值的两倍。现给定某人身高,请编程计算其标准体重。

5. 程序每次读入一个正 3 位数,然后输出按位逆序的数字。当输入的数字含有结尾的 0 时,输出不应带有前导的 0。比如输入 700,输出应该是 7。

6. 编写程序,计算摄氏温度 26 ℃对应的华氏温度。温度换算公式为 $F=9C/5+32$,其中 C 表示摄氏温度,F 表示华氏温度。输出数据要求为整型。

第五章 匠心的起航之路
——顺序结构

通过对数据类型、变量、运算符、表达式的学习,已经掌握了基本的字词等基础知识,现在可以利用这些基础形成语句,通过语句的组合形成程序。本章将开启程序的工程之旅,建立一颗匠人之心,感受编程的乐趣。

编写程序需要了解程序的组合方式。程序主要由顺序结构、选择结构和循环结构三种构成。

C 语言是一种结构化的编程语言,程序执行总是按照处理问题的先后顺序自上而下依次执行。这种自上而下依次执行的程序称为顺序结构程序,其编程逻辑总体按照图 5-1 所示的方式进行。

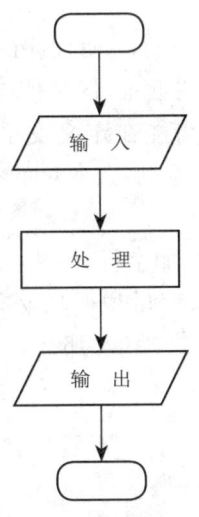

图 5-1　顺序结构图

第一节　匠心之编程规范

在 C 语言中,如不遵守编译器的规定,编译器在编译时会报错,这称为语法规则。但是有一种特殊的规定,它是人为的、约定成俗的,即使不按照这种规定也不会出错,这称为规范。不按照规范编写程序,程序可能没有语法错误,也能得到正确的结果,但是不遵循规范,程序代码可能会非常混乱。而

C 程序
编程规范

软件经常面临需求的改变,以前的软件往往需要更新维护。如果代码太乱,不仅别人看不懂,甚至写代码的程序员时间久了也看不懂,导致维护困难,这就是软件危机的一种表现形式。因此,作为一名程序员,首先需要有良好的编程规范和编程习惯。

一、代码规范化的好处

代码规范化的第一个好处是代码的视觉效果很整齐、很舒服。假如用不规范的方式写了一万行代码,现在能看得懂,但 3 个月后再看,可能理解起来会很吃力,更不要说给别人看。因此,代码需按规范写,如加注释就是代码规范化的一种体现。一般情况下,根据软件工程的思想,注释要占整个文档的 20% 以上。注释要写得详细,且格式要规范。

代码规范化的第二个好处是,把代码写规范,程序就不容易出错。代码写规范了,即使代码出错,查错也很方便。

格式虽然不会影响程序的功能,但是会影响可读性。程序的格式追求清晰、美观,是程序风格的重要构成元素。

二、代码规范化的六大原则

实现代码规范化有六大原则,具体体现为空行、成对书写、缩进、对齐、代码行、注释六方面的书写规范上。

1. 空 行

空行起着分隔程序段落的作用。空行将使程序的布局更加清晰。空行不会浪费内存,虽然打印含有空行的程序会多消耗一些纸张,但是值得。

规则一:定义变量后要空行。尽可能在定义变量的同时初始化该变量,即遵循就近原则。如果变量的引用和定义相隔比较远,那么变量的初始化很容易被忘记。若引用了未被初始化的变量,会导致程序结果出错。

规则二:每个函数定义结束后都要加空行。

总规则:两个相对独立的程序块、变量说明后必须加空行。如上面几行代码完成的是一个功能,下面几行代码完成的是另一个功能,那么它们之间要加空行,这样看起来更清晰。

2. 成对书写

成对的符号一定要成对书写,如 (), {}。不要写完左括号后写内容,最后补右括号,这样很容易漏掉右括号,尤其是写嵌套程序时。

3. 缩 进

缩进是通过键盘上的 Tab 键实现的,缩进可以使程序更有层次感。

缩进的原则是:如果地位相等,则不需要缩进;如果属于某一个代码的内部代码,则需要缩进。

4. 对 齐

对齐主要是针对大括号 {} 来说的:

规则一:左大括号 { 和右大括号 } 分别独占一行。互为一对的 { 和 } 要位于同一列,且与引用它们的语句左对齐。

规则二：{}之内的代码要向内缩进一个 Tab 距离，且同一层次的要左对齐，子层继续缩进。

大括号 {} 的对齐如下所示：

```c
#include <stdio.h>
int main()
{
    if(…)
    {
        while(…)
    }
    return 0;
}
```

此外，编程软件 VS 还有"对齐、缩进修正"功能。按 Ctrl+A 全选，然后按 Alt+F8，这时程序中所有成对的大括号都会自动对齐，未缩进的也会自动缩进。无论是编程过程中，还是编写结束后，都可以使用这个技巧。

5. 代码行

规则一：一行代码只做一件事情，如只定义一个变量或只写一条语句。这样的代码容易阅读，且便于写注释。

规则二：if, else, for, while, do 等语句自占一行，执行语句不得紧跟其后。

此外，非常重要的一点是，无论执行语句有多少行，就算只有一行也要加 {}，且遵循对齐的原则。这样可以防止书写失误。

6. 注　释

C 语言中一行注释一般采用 //…，多行注释必须采用 /*…*/。注释通常用于重要的代码行或段落提示。一般情况下，源程序有效注释量必须在 20%以上。虽然注释有助于理解代码，但是注意不可过多地使用注释。

规则一：注释是对代码的"提示"，而不是文档。程序中的注释不可喧宾夺主，注释太多会让人眼花缭乱。

规则二：如果代码本来就是清楚的，则不必加注释。例如，"i++; //i 加 1"，这个注释就是多余的。

规则三：边写代码边注释，修改代码的同时要修改相应的注释，以保证注释与代码的一致性；不再有用的注释要删除。

规则四：当代码比较长，特别是有多重嵌套时，应当在段落结束处加注释，以便于阅读。

三、计算思维

人类通过思考自身的计算方式，研究能否由外部机器模拟，代替我们实现计算的过程，从而诞生了计算工具，并在不断的科技进步和发展中发明了现代电子计算机。在此思想的指引下产生了人工智能，用外部机器模仿和实现人类的智能活动。随着计算机的日益"强大"，它在很多应用领域中所表现出的智能也日益突出，成为人脑的延伸。

人类所制造出的计算机在不断强大和普及的过程中,反过来也对人类的学习、工作和生活产生了深远的影响,同时大大增强了人类的思维能力和认识能力。这一点对身处当下的人类而言都深有体会,即我们所使用的工具影响着我们的思维方式和思维习惯,从而也深刻地影响着我们的思维能力。这就是"工具影响思维"的论点。

　　计算思维是相关学者在审视计算机科学所蕴含的思想和方法时被挖掘出来的,已成为与理论思维、实验思维并肩的三种科学思维之一。计算思维是计算时代的产物,应成为这个时代中每个人都具备的一种基本能力。那么,计算思维到底是什么呢?

　　卡耐基梅隆大学的 Jeannette Wing 教授认为计算思维是"solving problems, designing systems and understanding human behavior by drawing on the concepts fundamental to computer science",即利用计算机科学的基本概念解决问题、设计系统和理解人类行为的一种思维方式。计算机是一种工具,这种工具的伟大之处促使人们借此发展思考问题的方式。这种思考用计算机的手段解决实际问题的方式就是计算思维。

　　考虑日常生活中的事例:当你早晨去学校时,把当天需要的东西放进背包,这就是计算机中的预置和缓存;当你弄丢你的手套时,你会沿着走过的路寻找,这就是回推;什么时候停止租用滑雪板而为自己买一副呢?这就是在线算法;在超市付账时,你应当去排哪个队呢?这就是多服务器系统的性能模型;为什么停电时你的电话仍然可用?这就是失败的无关性和设计的冗余性。日常生活事例可以映射到计算思维,这也表示计算思维是人类求解问题的一条途径。

　　计算思维是一个循环的问题解决过程,总结如下:

　　第一步,定义问题;

　　第二步,转换成抽象的形式,准备"计算";

　　第三步,获得答案;

　　第四步,解释成符合人类习惯的真实答案。

　　如果答案不够充分,那么重复这个循环,直到真正解决问题。

　　计算机思维是一种问题解决的方式,这种思维将问题分解,并利用所掌握的计算知识找出解决问题的办法。

　　计算机思维可以划分为四个主要组成部分:一是所谓"解构",即把问题进行拆分,同时理清各部分的属性;二是所谓"模式识别",即找出拆分后问题各部分之间的异同;三是所谓"模式归纳"或"抽象化",即探寻形成这些模式背后的一般规律;四是所谓"算法设计",即针对相似问题提供逐步的解决办法。

　　编码是指导计算机做什么的艺术,它是计算机技术的高级管理者所需要的专业知识。编码与计算思维不是同一门学科,或者说编码不是完整的计算思维路径,但是需要计算思维来弄清楚如何将问题提取到代码中,并让计算机做你想做的事情。

第二节　全局观之 C 语言程序结构

　　初学写程序,经常不知道该在什么地方写代码,这是由于对 C 语言的程序结构不清楚

造成的。一个 C 程序往往以 .c 文件的物理介质存在,写的代码都放于该文件中。文件中的代码形式往往如下:

```
#include <系统函数库.h>
#include "自定义函数.h"    // 由于是指令不是一句话,不要加分号

全局变量的定义;            // 所有函数都可以使用这些变量

自定义函数(参数列表)
{
    局部变量的定义; // 变量只能在该函数用,其他函数是看不见的

    算法处理;

    函数返回;
}

// 定义多个自定义函数

void main()// 程序入口
{
    输入语句

    处理语句(包括函数调用);

    输出语句
}
```

程序都是从 main 函数开始,从上至下运行,直到程序结束并退出,这就是顺序结构。

第三节 匠心的历练——顺序结构实例

在软件开发中,一方面软件要满足用户的功能需求,另一方面还要考虑软件的维护和团队的交流。因此,在软件开发过程中需要形成一定的文档,体现算法的逻辑思维、代码的规范、程序的设计合理性。

下面以几个例子介绍顺序结构以及所体现的计算思维和工程思维。

顺序结构
程序设计

1. 图 5-2 所示梯形中阴影部分面积是 150,求梯形的面积(常规数学问题)。

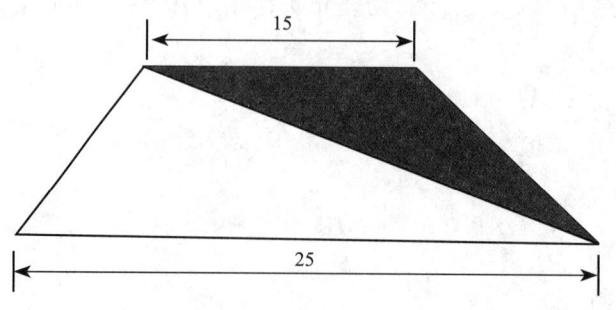

图 5-2　求梯形面积示意图

● 计算思维

（1）根据问题域，抽象出模型，这里的模型是一个成熟的模型。确定计算模型 $S_{面积}=(d_{上}+d_{下})h/2$，其中 $S_{面积}$ 为梯形面积，$d_{上}$ 为上底宽，$d_{下}$ 为下底宽，h 为梯形高。

（2）算法模型。计算机的计算过程遵循输入、处理、输出的过程，这也决定了算法总体上应遵循该模型。

（3）算法流程，如图 5-3 所示。

● 工程思维

（1）程序设计采用顺序结构设计。

（2）程序书写遵循使用空行、注释、命名等规范。

● 基础知识点

（1）面积的数字使用、浮点型的使用，如 150.0F，%.2f。

（2）算术运算除法的运算规则，如 1/2 结果为 0。

程序实现过程中，按照工程规范进行编写。代码的编写过程本质上是用程序设计语言对算法流程图的翻译过程。

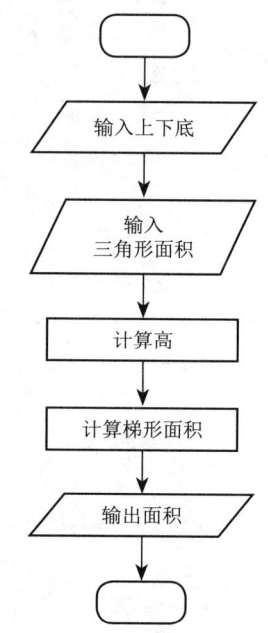

图 5-3　求梯形面积程序流程图

示例 5-1

```
#include <stdio.h>

int main()
{
    int up,down;    // 上下底宽
    float triArea,s;    // 三角形、梯形面积
    float h;    // 高

    // 输入上下底宽的翻译
    up=15;
    down=25;
    triArea=150.0F;    // 浮点数常数。输入面积的翻译
```

```
    // 处理
    h=triArea*2/up;      // 计算梯形高的翻译
    s=(up+down)*h/2;     // 按照模型计算面积的翻译

    // 输出的翻译
    printf("s=%.2f",s);  // 保留 2 位小数输出

    return 0;
}
```

该程序由变量定义、变量赋值输入、面积计算处理、面积输出等部分组成,用空行分隔,体现层次关系,便于阅读。变量遵循先定义后使用的原则。变量命名采用单词"见名知义"的规范。对于小数,float 类型使用 %.2f,表示输出带两位小数的结果。

注意:如果使用的是 double 进行定义的数据,输出时应采用 %.2lf,否则输出的数据会出错。

2. 一个牧场上的牧草每天都在匀速生长,这片牧场可供 15 头牛吃 20 天,或可供 20 头牛吃 10 天,求这片牧场每天新生的草量可供几头牛吃 1 天。

● **计算思维**

(1)该题是牛吃草问题的求解。首先需要将实际问题抽象成数学模型,由问题的陈述可知:

① 牧场每天生长的草量 ×20 天 + 牧场初始草量 =15 头 ×20 天 × 每头每天的草量;

② 牧场每天生长的草量 ×10 天 + 牧场初始草量 =20 头 ×10 天 × 每头每天的草量;

③ 牧场每天生长的草量 = 几头牛 ×1 天 × 每头每天的草量。

由①和②可计算出牧场每天生长的草量,然后代入③即可完成问题求解。由此可得到数学模型为:(15 头 ×20 天 × 每头每天的草量－20 头 ×10 天 × 每头每天的草量)/(20－10)天 / 每头每天的草量,即(15×20－20×10)/(20－10)头牛。

(2)算法模型。计算机的计算过程遵循输入、处理、输出的过程,这也决定了算法总体上应遵循该模型。

(3)算法流程,如图 5-4 所示。

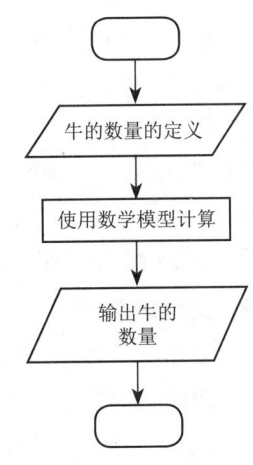

图 5-4 牛的数量计算程序流程图

● **工程思维**

(1)程序设计采用顺序结构。

(2)程序书写遵循空行、注释、命名等规范。

(3)提高人机交互,输入输出需要体现人性化,"printf(" 每天新生的草量可供 %d 头牛

吃 1 天 ",cowNums);"这样的输出结果更符合用户的习惯。

程序实现过程中,按照工程规范进行编写。代码的编写过程本质上是用程序设计语言对算法流程图的翻译过程。

示例 5-2

```c
#include <stdio.h>

void main()
{
    int cowNums;    // 牛的数量定义的翻译

    cowNums=(15*20-20*10)/(20-10);    // 数学模型;"/"保证取整。计算翻译

    printf(" 每天新生的草量可供 %d 头牛吃 1 天 ",cowNums);    // 输出翻译
}
```

注意在输出语句中,引号中的内容除占位符 %d%c%f 等外都会原样输出。为增加输出语句的人性化,可按习惯构造输出内容。在"printf(" 每天新生的草量可供 %d 头牛吃 1 天 ",cowNums);"中,%d 将显示变量 cowNums 的值,其余汉字都会原样输出,这样输出内容将更容易理解。

注意双引号内可以是汉字,但双引号本身必须是英文符号。初学者常不注意中英文的使用。

3. 输入半径,求圆的周长及面积。

● 计算思维

(1)根据问题域,抽象出模型,这里的模型是一个成熟的模型。确定计算模型 $C=2\pi r$, $S_{面积}=\pi r^2$,其中 C 为圆周长,$S_{面积}$ 为圆面积,r 为圆半径。

(2)算法模型。计算机的计算过程遵循输入、处理、输出的过程,这也决定了算法总体上应遵循该模型。

(3)算法流程,如图 5-5 所示。

● 工程思维

(1)程序设计采用顺序结构。

(2)程序书写遵循空行、注释、命名等规范。

(3)π 是一个由程序提供的常数值,这个值可能会在程序多处使用,且有可能存在改变的可能。为提高程序的维护性,采用常量设计。

(4)人性化输入和输出,特别是输入需要有友好的提示。

● 基础知识点

常量的定义可采用宏定义,也可用 const。

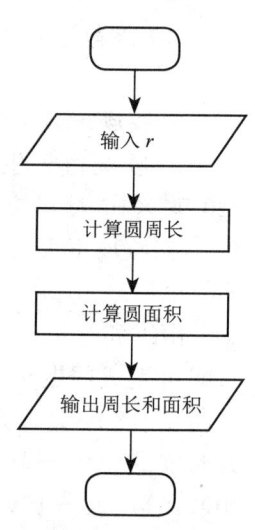

图 5-5 程序流程图

程序实现过程中,按照工程规范进行编写。代码的编写过程本质上是用程序设计语言对算法流程图的翻译过程。

示例5-3

```c
#include <stdio.h>

// 定义常量,提高可维护性,大写字母
const float  PI=3.14;    //PI有改变的可能,修改方便,一改俱改

void main()
{
    float r,c,s;//radius,circuit,side

    printf("please input circle r:\n");   // 人机友好交互设计,输入提示
    scanf("%f",&r);    // 完成人性化输入半径 r

    c=2*PI*r;
    s=PI*r*r;   // 计算

    printf("circuit is %0.2f and area is %0.2f",c,s);   // 人性化输出
}
```

人机交互设计时,初学者往往直接使用"scanf("%f",&r);"进行变量值录入,但在程序执行时,用户只看到光标闪烁,不知道该怎么与计算机交互。配合"printf("please input circle r:\n");"语句,程序执行时会输出提示信息告诉用户,实现人性化的人机交互。这是一种良好的编程习惯,应培养这种意识和规范。同样,输出时不能只使用占位符,这样的输出结果是难以看懂的,因此输出时需要按照用户习惯来构造字符串,如"printf("circuit is %0.2f and area is %0.2f",c,s);"表示输出周长是多少、面积是多少。

常量定义使用"const float PI=3.14;"语句,用PI代替3.14,也可以使用"#define PI 3.14",区别在于const代表的是语句必须有分号,而#define只是一个常量的定义而不是语句,不能用分号。两者作用一样,但用法不一样,初学者往往容易习惯性写成"#define PI 3.14;",这样PI代表的值就是"3.14;"。此外,使用常量便于代码维护,如果要改变PI的值,只需要在定义处进行修改,其他地方的代码可保持不变。尽量减少维护量也是学习中需要养成的编程意识。

4.输入一个三位数,输出其个位、十位、百位。

● 计算思维

(1)取一个三位数的各数位抽象成算术运算。例如,123取数位的过程是:123与10取余数可取出个位3;要取2,则需要将123先变成12,而123除以10并进行取整运算即可得到12,再按与10取余数可得到2;要取得百位上的数,只需要123与100进行整除运算。

（2）数学模型为：
　　123%10=3
　　123/10=12
　　12%10=2
　　123/100=1

（3）算法流程，如图 5-6 所示。

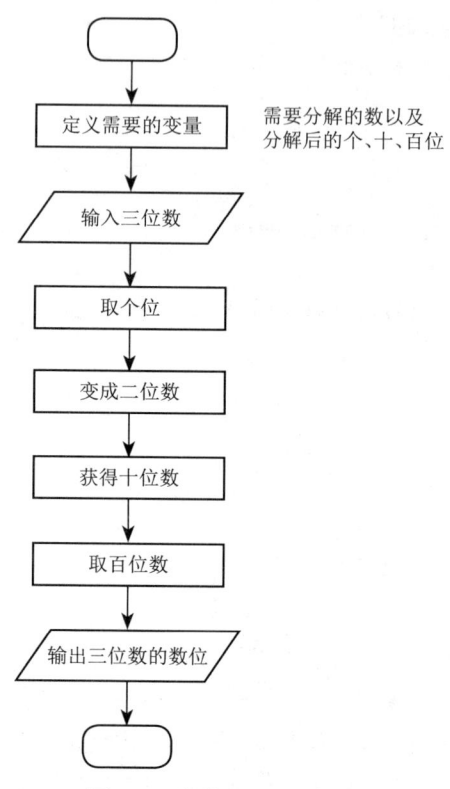

图 5-6　取数字程序流程图

● **工程思维**

（1）程序设计采用顺序结构。
（2）程序书写遵循空行、注释、命名等规范。
（3）人性化输入和输出，特别是输入需要有友好的提示。

● **基础知识点**

"/"的算术运算规则是整数相除，结果保留整数。如果想结果为小数，需要操作数先转换为小数，如乘以 1.0。这里刚好利用该取整来丢弃不需要的数据量。"%"只能进行整数的求余数运算。

程序实现过程中，按照工程规范进行编写。代码的编写过程本质上是用程序设计语言对算法流程图的翻译过程。

示例 5-4

```
#include <stdio.h>
```

```
void main()
{
    int number;      // 一个三位数
    int unitDig,tensDig,hundredDig;   // 存个位、十位、百位数字

    printf("please input a tree_digit_number:\n");   // 友好交互输入
    scanf("%d",&number);

    hundredDig=number/100;      // 取整数部分,获取百位数
    unitDig=number%10;          // 余数,取个位数
    tensDig=number/10%10;       // 取整和取余结合,获取十位数

    // 人性化输出
    printf("%d include number is %d,%d,%d",number,hundredDig,tensDig,unitDig);
}
```

利用"/"和"%"进行取数运算,虽然充分利用了这些符号的运算规则,但有时需要的结果却为整数,这时需要将操作数变成小数类型。例如,表达式 1/2*(2+3+4) 的运算结果为 0,因为 1/2 取整数的结果为 0,导致整个表达式的值为 0。但这不是需要的结果,常处理为 1.0/2*(2+3+4),这样结果就为 4.5。

第四节 学生信息管理系统中顺序结构的应用

需求描述:第四章中设计了学生信息管理系统的欢迎界面和主界面,这两个功能独立运行在 main 函数中。现需要将两个界面功能结合起来一起运行,即欢迎界面显示后,可以按下键盘中的任意一个符号后进入主界面。

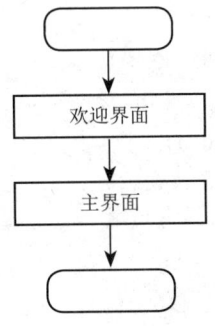

图 5-7 学生信息管理系统主流程图

```
#include <stdio.h>
int main()
{
```

```c
    int menu_number;// 主菜单序号选择
    // 设计欢迎界面
    printf("\n\n\n");
    printf("\t*************************************************************\n\n");
    printf("\t            * 帅哥美女们，欢迎使用学生信息管理系统 *\n\n");
    printf("\t*      SWPU 程序设计课程组肖斌为您服务         *\n\n");
    printf("\t              *         *               *          *\n") ;
    printf("\t            *   *   *            *   *   *\n");
    printf("\t          *       *       *     *       *         *\n");
    printf("\t        *               *   *               *    **\n");
    printf("\t*************************************************************\n") ;
    printf("\t        *               *   *               *    **\n");
    printf("\t          *       *       *     *       *         *\n");
    printf("\t            *   *             *   * \n");
    printf("\t              * *           * * \n");
    printf("\t                   \n");
    printf("\t                                    ------ 程序设计基础课程组 ");
    printf("\n\n\n\t");
    system("pause");   // 系统函数暂停执行,按任意键进入系统主界面
    // 主界面设计
    system("cls");    // 清除屏幕函数,实现界面切换的效果
    printf("\t\t|* * * * 学生信息管理系统 * * * * |\n");
    printf("\t\t|................................|\n");
    printf("\t\t| 请选择操作菜单序号(0-6) |\n");
    printf("\t\t|................................|\n");
    printf("\t\t| 1---- 学生信息录入 |\n");
    printf("\t\t| 2---- 学生信息排序 |\n");
    printf("\t\t| 3---- 学生信息查询 |\n");
    printf("\t\t| 4---- 学生分类查询 |\n");
    printf("\t\t| 5---- 学生信息删除 |\n");
    printf("\t\t| 6---- 学生信息修改 |\n");
    printf("\t\t| 0---- 退 出 |\n");
    printf("\t\t|................................|\n");
    printf("\t\t|* * * * * * * * * * * * * * * * *|\n");

    printf("\n\t 请选择序号： ");
    scanf("%d", &menu_number);

    return 0;
}
```

通过顺序结构设计,程序先执行欢迎界面,然后执行主界面。在构造输出字符串中,\n 表示换行,\t 为制表符。"system("pause");" 和 "system("cls");" 分别实现暂停和清屏的作用。

学生信息管理系统顺序结构执行如图 5-8 所示。

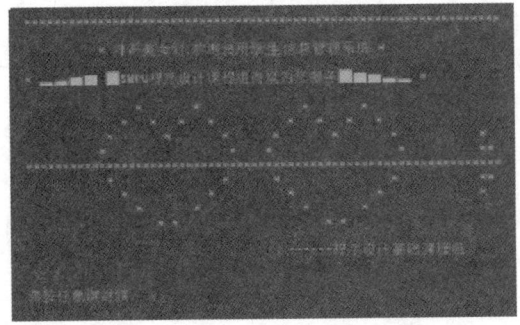 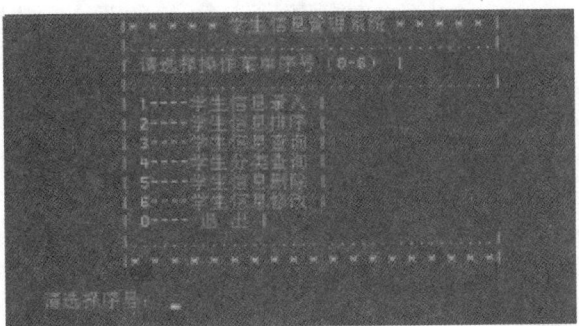

图 5-8　学生信息管理系统顺序结构执行图

本章小结

　　软件的可维护性是软件工程需要解决的主要问题之一。初学者从一开始就应养成良好的编程习惯,这是将来写成可维护软件的必要手段。计算思想和计算的逻辑思维训练可引导我们将实际生活问题用计算机的方式去求解,提高工作效率。编程中需要注意新工具下新思维能力的训练,即在平常的学习中,要注意对问题进行抽象,形成有效的数学模型和算法模型。

　　另外,很多解题方法在当前是有效的,但学习新知识后可能会有不同的解决办法,因此要注意对比学习。比如,当学习函数、指针等知识点后,目前的很多程序都可以改成函数,用指针来进行编写。

　　在程序流程图中,椭圆矩形框表示逻辑的开始和结束,平行四边形表示数据的录入和输出,矩形框表示数据的处理。在进行编程时,只需要根据流程图进行语句的翻译,编写代码将变得非常简单。

练 习 题

编程题

1. 半径为 r 的球的体积计算公式为 $V=\frac{4}{3}\pi r^3$,其中 V 为球的体积,$\pi=3.14$。给定球的半径 r,类型为 double,求球的体积 V,保留到小数点后 2 位。

2. 一箱苹果中有 n 个苹果,混进了一条虫子,虫子每 x 小时能吃掉 1 个苹果。假设虫子在吃完一个苹果前不会吃另一个,求经过 y 小时还有多少个完整的苹果。已知 ceil 函数可取得大于等于一个数的最小整数,函数库 math.h 中包含 ceil 函数。

3. 已知三角形的三边长分别为 a，b 和 c，求三角形的面积。三角形面积公式为 $s=\sqrt{p(p-a)(p-b)(p-c)}$，其中 $p=(a+b+c)/2$。已知开平方根函数为 sqrt，如求 5 的平方根即 sqrt(5)，函数库 math.h 中包含 sqrt 函数。

4. 求一元二次方程 $x^2+3x+2=0$ 的两个实数根。

5. 给出一个等差数列的前两项 a_1 和 a_2，求第 n 项。

第六章

鱼和熊掌不可兼得
——选择控制结构

程序由若干条语句组成,各语句按照顺序一条一条执行,这种顺序结构是简洁的。但在现实世界中,很多事情不可避免地需要进行选择,不可二者兼顾。程序是现实世界的逻辑反映,程序执行的顺序可根据需要选择执行,这种结构就是选择结构。使用选择结构时,程序整体上确实是从上往下执行的,但又不单纯是从上往下的。选择结构通常使用 if、else 及 switch 等语句来实现。

第一节 if 单分支语句

一个 if 语句由一个逻辑表达式后跟一个或多个语句组成。if 单分支语句的语法结构如下:

```
if( 逻辑表达式 )
{
    /* 如果逻辑表达式为真将执行的语句 */
}
```

if 语句的使用

if 单分支语句表示:如果逻辑表达式为真,则执行大括号中的语句;如果表达式为假,则不执行大括号中的语句。

if 单分支语句对应的流程图如图 6-1 所示。

注意:逻辑表达式也称布尔表达式,表示运算结果为真或为假。编程时比较两个数相等的情况采用 ==。当表达式的值为数值时,0 表示假,非 0 表示真。

请思考以下语句的含义:

  if(a>b);

  max=a;

示例 6-1

```
#include <stdio.h>
int main()
{
```

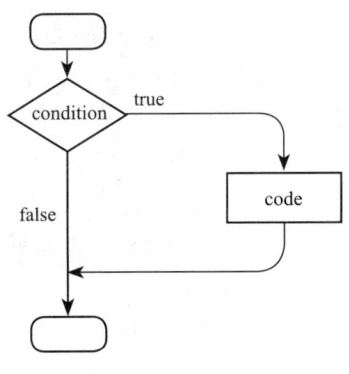

图 6-1 if 单分支语句流程图

```
    int i=1;

    if(i==2)
    {
        printf("i equal 2!\n");
    }
    return 0;
}
```

上述程序中 i==2 为关系表达式,判断 i 的值是否等于 2。在运行时 i 的值为 1,不等于 2,逻辑表达式不成立,运算结果为假,则不执行大括号中的输出语句。

初学者在实现时往往容易写成以下的形式。

示例 6-2

```
#include <stdio.h>
int main()
{
    int i=1;

    if(i=2)
    {
        printf("i equal 2!\n");
    }
    return 0;
}
```

该程序原本是想比较 i 的值是否等于 2,等于 2 则执行输出,不等于 2 则不输出。但是由于在关系表达式中使用的是 i=2,这时已经不是关系运算,而是一个赋值表达式,把 2 赋值给 i,运算结果为 2。2 是非 0 值,即为真,因此会进行打印输出,但与我们想实现的结果并不一致。

示例 6-3

```
#include <stdio.h>
int main()
{
    if(0)
    {
        printf("I Love You\n");
    }
    return 0;
}
```

由于逻辑表达式是数字 0，表达式值为假，程序不输出。如果把 0 改为 2，则表达式值为真，将执行输出。

第二节　if…else 双分支语句

一个 if 语句后可跟一个可选的 else 语句，else 语句在逻辑表达式为 false 时执行。
if…else 双分支语句的语法结构如下：

if(逻辑表达式)
{
　　/* 逻辑表达式为时真将执行的语句 */
}
else
{
　　/* 逻辑表达式为假时将执行的语句 */
}

if…else 双分支语句对应的流程图如图 6-2 所示。

注意：编程不规范引起的语句控制范围问题。在编程规范中，if 语句应尽量使用"{}"来体现执行的代码块，不能通过缩进的方式来实现代码块。

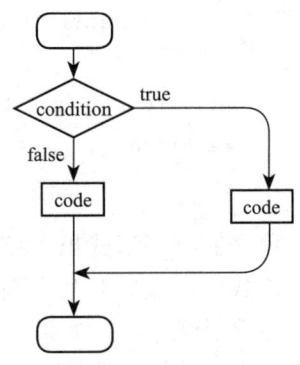

图 6-2　if…else 双分支语句流程图

示例 6-4
```c
#include <stdio.h>
int main()
{
    if(1)
        printf("I like C.\n");
        printf("I like program too.\n");
    else
        printf("I do not like C.\n");
        printf("I do not like program too.\n");

    return 0;
}
```

上述语句使用了缩进，表明编程者希望程序在运行时，表达条件为真则输出"I like C. I like program too."，表达条件为假则输出"I do not like C. I do not like program too."。但实际执行时会出现括号不匹配的错误。这是因为在 if 结构中没有使用大括号，系统就认为语句块只有一条语句，即实际的形式如下：

示例 6-5

```c
#include <stdio.h>
int main()
{
    if(1)
    {
            printf("I like C.\n");
    }    //if 语句已经结束
    printf("I like program too.\n");
    else   // 没有与之配对的 if,产生错误
    {
            printf("I do not like C.\n");
    }
    printf("I do not like program too.\n");
    return 0;
}
```

程序的书写形式虽为缩进,但并没有改变 if 语句控制块的范围。初学者应该当心被代码的形式所欺骗！观察上面代码,显然没有与 else 配对的 if,而 else 不能脱离 if 单独使用,因此导致语法错误。如果简单加上一个 if 与之配对,虽可解决语法错误的问题,但其执行的结果与希望的结果可能完全不一样,从而出现逻辑错误。

建议：为避免该类错误,应遵循的编程规范是,if 语句块中无论有多少条语句,都使用大括号结构。

示例 6-5 程序正确的形式为：

示例 6-6

```c
#include <stdio.h>
int main()
{
    if(1)
    {
            printf("I like C.\n");
            printf("I like program too.\n");
    }
    else
    {
            printf("I do not like C.\n");
            printf("I do not like program too.\n");
    }
    return 0;
}
```

这是遵循编程规范的好处,按编程规范书写程序不容易出错。规范书写也容易改错,还容易对代码进行维护。

第三节 if … else if … else 多分支语句

一个 if 语句后可跟可选的 else if … else 语句,这可用于测试多种条件,即多分支。语法结构如下:

```
if(boolean_expression 1)
{
    /* 当布尔表达式 1 为真时执行 */
}
else if(boolean_expression 2)
{
    /* 当布尔表达式 2 为真时执行 */
}
else if(boolean_expression 3)
{
    /* 当布尔表达式 3 为真时执行 */
}
else
{
    /* 当上面条件都不为真时执行 */
}
```

对应的程序流程图如图 6-3 所示。

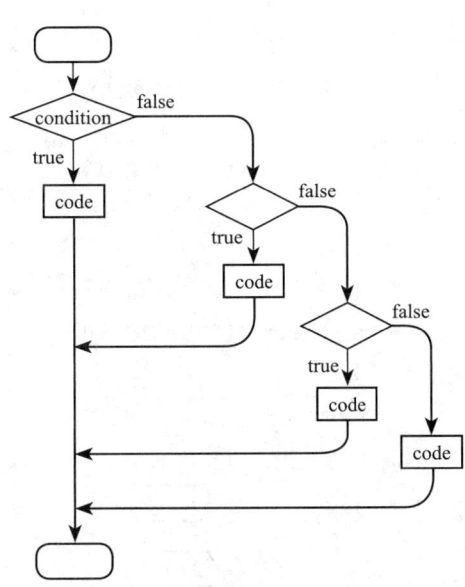

图 6-3　if … else if … else 多分支语句流程图

根据业务需求分析其逻辑,用程序流程图进行表示,在编写程序时只需要根据流程图进行翻译映射即可。

例如,求考试成绩的等级。输入一个考试成绩,如果 90 ≤ 考试成绩 ≤ 100 分,输出"优秀!";如果 80 ≤ 考试成绩 < 90 分,输出"良好!";如果 60 ≤ 考试成绩 < 80 分,输出"及格!";如果 0 ≤ 考试成绩 < 60 分,输出"补考!继续努力!";如果分数不在这些范围内,则输出"请重新输入!"。显然,这是一个多分支求解的问题。程序流程图如图 6-4 所示。

示例 6-7

```
#include <stdio.h>
int main()
{
    float score;
    printf("请输入您的考试成绩:");
    scanf("%f", &score);
```

```c
        if(90<=score<=100)
        {
            printf("优秀!\n");
        }
        else if(80<=score<90)
        {
            printf("良好!\n");
        }
        else if(60<=score<80)
        {
            printf("及格!\n");
        }
        else if(0<=score<60)
        {
            printf("补考!继续努力!\n");
        }
        else
        {
            printf("请重新输入!\n");
        }
        return 0;
}
```

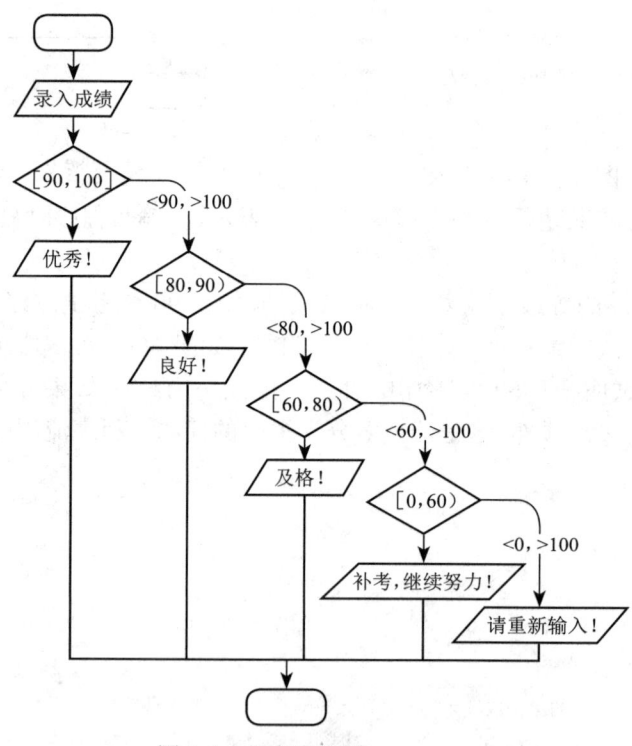

图 6-4　程序流程图

注意：上述程序运行时，无论输入什么数字，运行结果都是"优秀！"。这是因为在构造条件表达式时采用了数学的书写习惯。程序一开始就会执行"90<=score<=100"进行判断，对于这个关系运算，按照运算规则，先算"90<=score"，这时其运算结果可能为真，也可能为假，真为1，假为0。然后在与100比较，这时无论前面表达式的结果为真或为假，与100比较都是真。因为0和1都比100小，所以不管怎么输入成绩，运行结果始终为"优秀！"。上述程序可修改为：

示例6-8

```c
#include <stdio.h>
int main(  )
{
    float score;
    printf("请输入您的考试成绩:");
    scanf("%f", &score);

    if(score>=90 && score<=100)
    {
        printf("优秀!\n");
    }
    else if(score>=80 && score<90)
    {
        printf("良好!\n");
    }
    else if(score>=60 && score<80)
    {
        printf("及格!\n");
    }
    else if(score>=0 && score<60)
    {
        printf("补考!继续努力!\n");
    }
    else
    {
        printf("请重新输入!\n");
    }
    return 0;
}
```

在"if (score>=90 && score<=100)"中，按照运算规则，先进行算术运算，然后进行关系运算。如果输入的成绩是"80"，当进行运算时"80>=90"是不成立的，所以关系运算结果为假。而逻辑运算符是"&&"，是一个短路与运算，由于左边的运算结果已经是逻辑假，所以右边"score<=100"将不参与运算,整个"score>=90 && score<=100"的运算结果为假。

程序将继续执行"else if (score>=80 && score<90)"。该语句中的"score>=80",由于输入的成绩是"80",因此"80>=80"成立,结果为真;继续执行"score<90","80<90"也成立,运算结果为真;"&&"运算符两边的关系运算结果都为真,所以"score>=80 && score<90"的运算结果为真,条件为真,输出"良好!",分支结构执行完毕。

第四节　switch 语句

switch 语句
的使用

switch 语句允许测试一个变量为多个值时的情况。每个值称为一个 case,且被测试的变量会对每个 switch 的 case 进行检查。

switch 语句的语法为:

```
switch(expression)
{
    case constant-expression:
        statement(s);
        break; /* 可选的 */
    case constant-expression:
        statement(s);
        break; /* 可选的 */
    /* 可以有任意数量的 case 语句 */
    default: /* 可选的 */
        statement(s);
}
```

switch 语句流程图如图 6-5 所示。该结构在执行时,首先会计算表达式"expression"的值,然后与 case 后的常量表达式值"constant-expression"进行比较。如果相等,则这个地方就是该结构的入口点,程序从该入口点开始进行执行,一直执行到该结构退出。该结构的退出点是 break 语句。如果没有遇到 break 语句,程序会一直执行,直到遇到为止,或者执行到 switch 结构的"}"括号为止,此时退出该语句块。

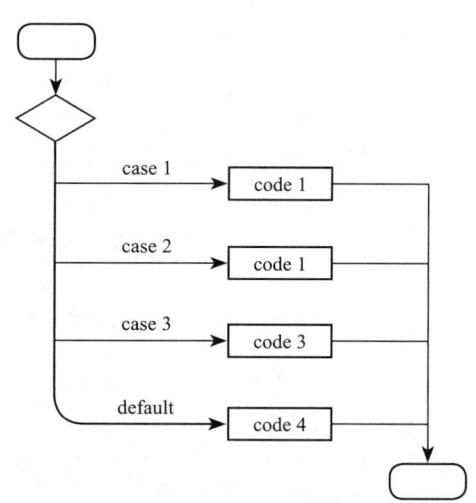

图 6-5　switch 语句流程图

从功能上说,switch 语句和 if 语句可以相互取代。但从编程的角度,它们又有各自的特点,所以至今为止也不能说谁可以完全取代谁。当嵌套的 if 比较少时(3 个以内),用 if 编写程序比较简洁。但当选择的分支比较多时,嵌套的 if 语句层数会很多,导致程序冗长,可读性下降,因此 C 语言提供 switch 语句来处理多分支选择。

switch 语句必须遵循下面的规则：

（1）switch 后面括号内的"表达式"必须是整数类型，即可以是 int 型变量、char 型变量，也可以直接是整数或字符常量，甚至负数都可以，但不支持实数。

（2）switch 下面的 case 和 default 必须用一对大括号 {} 括起来，构成一个语句块。

（3）当 switch 后面括号内"表达式"的值与某个 case 后面的"常量表达式"的值相等时，则执行此 case 后面的语句。执行完该 case 后面的语句后，流程控制转移到下一个 case 继续执行。如果只想执行这个 case 语句而不想执行其他 case 语句，则需要在这个 case 语句后面加上 break，以跳出 switch 语句。

（4）若所有 case 中的常量表达式的值都未与 switch 后面括号内"表达式"的值相等，则执行 default 后面的语句。default 是"默认"的意思，一般会将 default 放在 switch 结构的最后。如果 default 是最后一条语句，那么其后可以不加 break，因为已经是最后一句，执行完后自然就退出 switch。如果将 default 放在程序中间，则想退出就需要加 break，但一般不这样使用。

（5）每个 case 后面"常量表达式"的值必须互不相同，否则会出现互相矛盾的现象，且这样也会造成语法错误。

（6）case"常量表达式"只是起语句标号的作用，并不是在该处进行判断。在执行 switch 语句时，根据 switch 后面表达式的值找到匹配的入口标号，就从此标号开始执行下去，不再进行判断。

（7）各 case 和 default 的出现次序不影响执行结果，但从阅读方便的角度，最好按字母或数字顺序写。

（8）也可以无 default 语句，这与 if … else 的最后无 else 语句一样，但最好加上，后面可以什么都不写。

下面将前文第三节介绍的 if 多分支结构用 switch 结构进行重新编写。按 switch 的结构形式分析对应表现逻辑的程序流程图，如图 6-6 和图 6-7 所示。

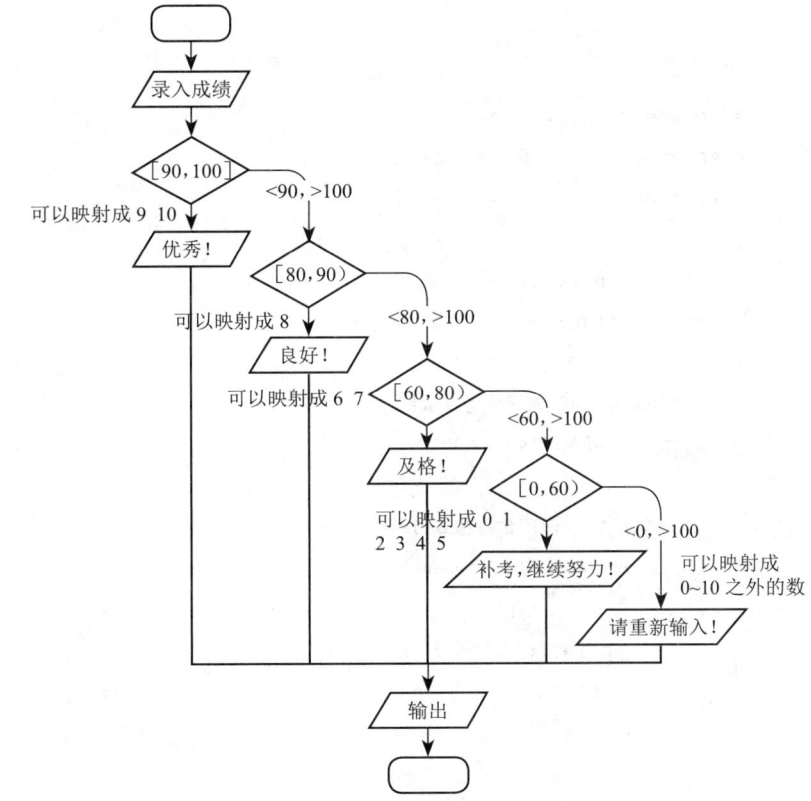

图 6-6　if 多分支成绩等级程序流程图

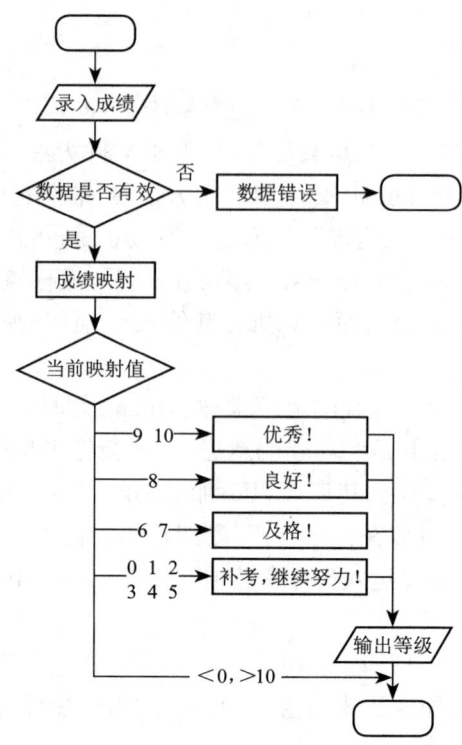

图 6-7 switch 多分支成绩等级程序流程图

示例 6-9

```
#include <stdio.h>
#include <stdlib.h>
int main()
{
    float score;
    int   grade;

    printf("请输入您的考试成绩:");
    scanf("%f", &score);

    // 数据有效性,保证数据在 0-100
    if(score<0 || score>100)
    {
        printf("请重新输入!\n");
        return;
    }

    grade=(int)(score/10);// 将分数映射为 0-10
```

```c
    switch(grade)
    {
        case 9:
        case 10:
          printf("优秀!\n");
          break;
        case 8:
          printf("良好!\n");
          break;
        case 7:
        case 6:
          printf("及格!\n");
          break;
        case 0:
        case 1:
        case 2:
        case 3:
        case 4:
        case 5:
          printf("补考！继续努力!");
          break;
        default:
          break;
    }
    system("pause");
}
```

在程序中，由于 swtich 只支持整数，因此需要考虑如何将 0～100 中的无穷多个点用有限的点来映射。代码"grade=(int)(score/10);"利用整数的特性实现区间段到点的映射。

在 switch 的多个入口点都完成相同任务的情况下，可以进行代码的简写，而无需在每个入口点都写代码，如：

```c
case 9:
case 10:
  printf("优秀!\n");
  break;
```

表示当等级是 9 和 10 时，输出"优秀！"。

另外，对于工程实际而言，需要考虑软件的健壮性。如无效数据可能导致软件崩溃，在该例中使用以下语句进行处理。

```c
    if(score<0 || score>100)
    {
```

```
        printf("请重新输入 !\n");
        return;
    }
```

第五节　实践是检验真理的唯一标准——选择结构实例

选择结构程序设计

选择结构程序应用

1. 乘坐飞机时,对于乘客的行李,当小于等于 20 千克时按每千克 1.68 元收费,当大于 20 千克时按每千克 1.98 元收费,请编写计算乘客行李收费的程序。

● 计算思维

(1)根据问题域,抽象出模型,费用 = 价格 × 质量。
(2)算法模型。计算机的计算过程遵循输入、处理和输出,算法总体上亦遵循该模型。
(3)算法流程,如图 6-8 所示。

● 工程思维

(1)程序设计采用选择结构。
(2)程序书写遵循空行、注释、缩进、命名等规范。
(3)交互使用 printf 语句,体现良好的人机对话。
(4)分支结构涉及块操作,无条件采用"{}"。

● 代码编写

程序实现过程中,按照工程规范进行编写。代码的编写过程本质上是用程序设计语言对算法流程图的翻译过程。

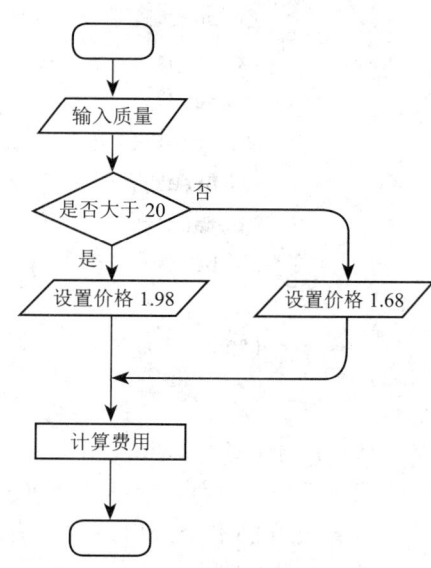

图 6-8　计算乘客行李收费程序流程图

示例 6-10

```
#include <stdio.h>
#include <stdlib.h>

void main()
{
    float weight,fee;   // 质量和费用,变量定义
    float price;    // 定义价格

    printf("please input w:\n");   // 交互
    scanf("%f",&weight);
```

```
    // 不同质量,不同价格
    if(weight>=20)    // 质量不同,价格不同,二分支
        {
            price=1.98;
        }
    else
        {
            price=1.68;
        }

    fee=price*weight;    // 计算

    printf("total fee is %.2f",fee);    // 输出

    system("pause");
}
```

注意：输入时质量是小数单精度浮点类型,采用"scanf("%f", &weight);",而初学者容易使用"%d",导致不能获得正确的结果。程序根据质量不同有两种选择,采用 if … else 的二分支结构。在语句"if(weight>=20)"中,通过关系表达式"weight>=20"获得逻辑值,根据条件的成立与否决定执行哪个分支。

2. 期末来临,班长决定用班费 x 元(x 为整数,大于等于 8)购买若干支笔奖励一些学习好的同学。笔的价格分别为 6 元、5 元、4 元。想买尽量多的笔,同时不想有钱剩余,请为班长提供购买方案。

● **计算思维**

（1）根据问题域,抽象出模型。笔数量 = 班费 / 价格。要买尽量多的笔,所以最优是选择价格为 4 元的,即进行整除,数学模型为"笔数量 = 班费 /4"。按该模型进行除法运算有 4 种情况,即余数分别为 0,1,2 和 3。由于要求不能有剩余钱,因此需修正数学模型,模型变为如下 4 种：

① 余数为 0,每支 4 元钱的笔数量 = 班费 /4,钱用完,满足条件。

② 余数为 1,购买每支 4 元钱的笔数量 = 班费 /4－1,用减少的一支 4 元的笔与剩余的 1 元凑成 5 元,可买一支 5 元的笔。

③ 余数为 2,按上述思路得出,购买每支 4 元钱的笔数量 = 班费 /4－1,同时可买一支 6 元的笔。

④ 余数为 3,需减少两支 4 元的笔,这样有余钱 4×2+3=11 元,可分成 6 元和 5 元,即一支 6 元、一支 5 元。

（2）算法模型,根据"班费 /4"的余数设计购买方案模型如下：

余　数	价格 4 元的数量	价格 5 元的数量	价格 6 元的数量
0	$\dfrac{班费}{4}$	0	0
1	$\dfrac{班费}{4}-1$	1	0
2	$\dfrac{班费}{4}-1$	0	1
3	$\dfrac{班费}{4}-2$	1	1

（3）计算机的计算过程遵循输入、处理、输出。

（4）算法流程，如图 6-9 所示。

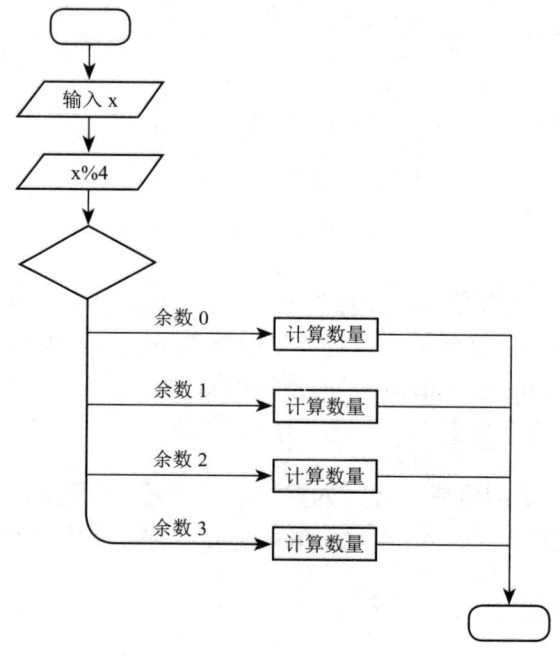

图 6-9　购买方案程序流程图

● **工程思维**

（1）设计多种方案，程序设计采用选择结构。
（2）程序书写遵循空行、注释、缩进、命名等规范。
（3）交互使用 printf 语句，体现良好的人机对话。
（4）分支结构涉及多种，采用 switch 结构。

● **代码编写**

程序实现过程中，按照工程规范进行编写。代码的编写过程本质上是用程序设计语言对算法流程图的翻译过程。

示例 6-11

```
#include <stdio.h>
```

```
#include <stdlib.h>

void main()
{
    int fourPen=0,fivePen=0,sixPen=0;// 笔初始为 0 支
    int x;// 钱
    int remainder=0;// 余数

    printf("input money\(money≥8\):\n");// 转义符，人性化交互
    scanf("%d",&x);

    fourPen=x/4;
    remainder=x%4;

    // 计算思维的数学方法
    switch(remainder)
    {
        case 0: break;
        case 1: fivePen=1;fourPen--;break;
        case 2: sixPen=1;fourPen--;break;
        case 3: sixPen=1;fivePen=1;fourPen=fourPen-2;break;
        default: break;
    }

    printf("%d=4*%d+5*%d+6*%d",x,fourPen,fivePen,sixPen);// 人性化输出方案

    system("pause");
}
```

解决实际问题的过程中，主要是采用计算思维推导出数学模型，形成算法流程图。使用 switch 结构时，首先应记住该语句的结构，并理解 break 的作用。break 使用与否虽不影响语法，但影响执行结果，不要轻易丢掉。

第六节 学生信息管理系统中选择结构的应用

在学生信息管理系统中，需要根据用户输入的数字进行不同的处理，顺序结构无法解决。在逻辑上，这是一个多分支问题，在多个选项中只能选择一个流程进行执行。

对于图 5-8 所示的学生信息管理系统，采用 if 语句的学生信息管理系统主菜单选择程序流程图如图 6-10 所示。

用选择结构构建学生信息管理系统

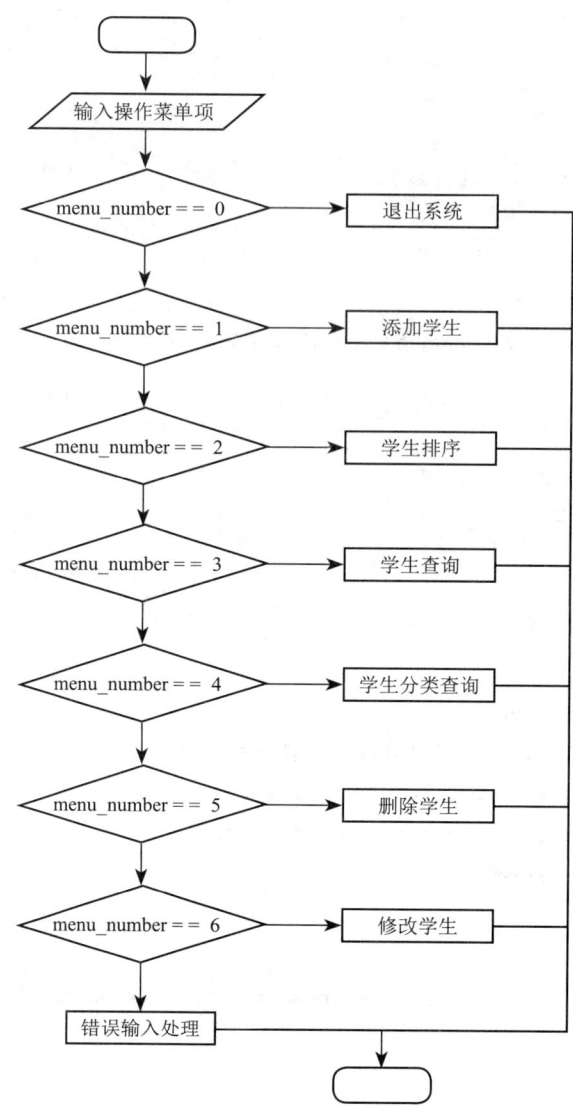

图 6-10　采用 if 语句的学生信息管理系统主菜单选择程序流程图

```
#include <stdio.h>

int main()
{
    int menu_number;// 主菜单序号选择

    // 欢迎界面
    printf("\n\n\n");
    printf("\t*************************************************************\n\n");
    printf("\t           * 帅哥美女们 , 欢迎使用学生信息管理系统  *\n\n");
    printf("\t*      SWPU 程序设计课程组肖斌为您服务       *\n\n");
```

```c
    printf("\t            *          *                    *     *\n") ;
    printf("\t          *   *   *                 *    *    *\n");
    printf("\t        *       *       *       *       *       *         *\n");
    printf("\t      *                   *   *                   *          **\n");
    printf("\t*************************************************************\n") ;
    printf("\t      *                   *       *                   *     **\n");
    printf("\t        *               *       *       *           *       *\n");
    printf("\t          *           *       *               *   *   \n");
    printf("\t            * *                       * *   \n");
    printf("\t                      \n");
    printf("\t                                        ------ 程序设计基础课程组 ");

    printf("\n\n\n\t");
    system("pause");

    // 进入系统主界面
    system("cls");
    printf("\t\t|* * * * 学生信息管理系统 * * * * |\n");
    printf("\t\t|................................|\n");
    printf("\t\t| 请选择操作菜单序号（0-6） |\n");
    printf("\t\t|................................|\n");
    printf("\t\t| 1---- 学生信息录入 |\n");
    printf("\t\t| 2---- 学生信息排序 |\n");
    printf("\t\t| 3---- 学生信息查询 |\n");
    printf("\t\t| 4---- 学生分类查询 |\n");
    printf("\t\t| 5---- 学生信息删除 |\n");
    printf("\t\t| 6---- 学生信息修改 |\n");
    printf("\t\t| 0----  退 出  |\n");
    printf("\t\t|................................|\n");
    printf("\t\t|* * * * * * * * * * * * * * * *|\n");

    printf("\n\t 请选择序号： ");
    scanf("%d", &menu_number);

    // 选择菜单项进入下一级菜单操作

    if(menu_number==0)// 退出系统
    {
        printf(" 退出系统 ......\n");
    }
```

```c
        else if(menu_number==1)
        {
                printf("添加学生......\n");
        }
        else if(menu_number==2)
        {
                printf("学生排序......\n");
        }
        else if(menu_number==3)
        {
                printf("学生查询......\n");
        }
        else if(menu_number==4)
        {
                printf("学生分类查询......\n");
        }
        else if(menu_number==5)
        {
                printf("删除学生......\n");
        }
        else if(menu_number==6)
        {
                printf("修改学生......\n");
        }
        else
        {
                printf("\n\n\t\t输入错误......");
        }

        system("pause");

        return 0;
}
```

上面代码中分支结构较多,代码明显变得复杂。考虑到开关语句 switch 的作用,可以通过开关语句来简化程序。采用 switch 语句的学生信息管理系统主菜单选择程序流程图如图 6-11 所示。

第六章 鱼和熊掌不可兼得——选择控制结构

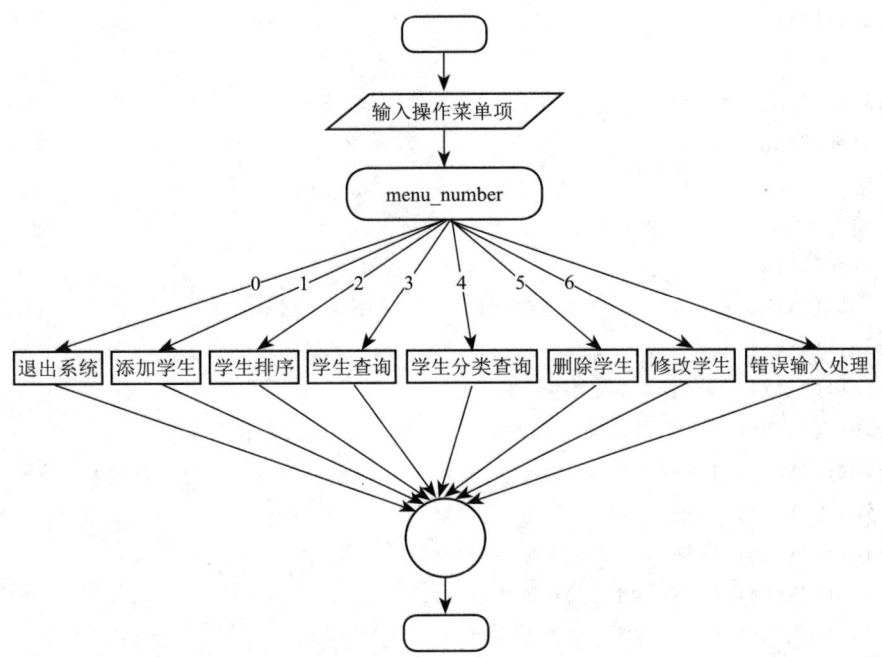

图 6-11 采用 switch 语句的学生信息管理系统主菜单选择程序流程图

```
#include <stdio.h>

int main()
{
    int menu_number;// 主菜单序号选择

    // 欢迎界面
    printf("\n\n\n");
    printf("\t***************************************************\n\n");
    printf("\t         *  帅哥美女们，欢迎使用学生信息管理系统 *\n\n");
    printf("\t*     ▆▅▃  SWPU 程序设计课程组肖斌为您服务 ▃▅▆     *\n\n");

    printf("\t              *       *              *       *\n") ;
    printf("\t           *  *  *  *              *  *  *  *\n");
    printf("\t         *        *          *        *        *\n");
    printf("\t         *                *  *                **\n");
    printf("\t***************************************************\n") ;
    printf("\t         *                *  *                **\n");
    printf("\t         *        *          *        *        *\n");
    printf("\t           *     *             *     *    \n");
    printf("\t              * *                 * *  \n");
```

```c
            printf("\t                              \n");
            printf("\t                                  ------ 程序设计基础课程组 ");

            printf("\n\n\n\t");
            system("pause");

            // 进入系统主界面
            system("cls");
            printf("\t\t|* * * * * 学生信息管理系统 * * * * * |\n");
            printf("\t\t|...................................|\n");
            printf("\t\t| 请选择操作菜单序号（0-6) |\n");
            printf("\t\t|...................................|\n");
            printf("\t\t| 1---- 学生信息录入  |\n");
            printf("\t\t| 2---- 学生信息排序  |\n");
            printf("\t\t| 3---- 学生信息查询  |\n");
            printf("\t\t| 4---- 学生分类查询  |\n");
            printf("\t\t| 5---- 学生信息删除  |\n");
            printf("\t\t| 6---- 学生信息修改  |\n");
            printf("\t\t| 0----  退 出        |\n");
            printf("\t\t|...................................|\n");
            printf("\t\t|* * * * * * * * * * * * * * * * * *|\n");

            printf("\n\t 请选择序号："); 
            scanf("%d", &menu_number);

            // 选择菜单项进入下一级菜单操作
            system("cls");
            switch(menu_number)
            {
                    case 0:// 退出系统
                        printf(" 退出系统......\n");
                        break;
                    case 1:// 学生信息录入
                        printf(" 添加学生......\n");
                        break;
                    case 2:// 学生信息排序
                        printf(" 学生排序......\n");
                        break;
                    case 3:// 学生信息查询
                        printf(" 学生查询......\n");
                        break;
```

```
        case 4://学生分类查询
            printf("学生分类查询......\n");
            break;
        case 5://学生信息删除
            printf("删除学生......\n");
            break;
        case 6://学生信息修改
            printf("修改学生......\n");
            break;
        default:
            printf("\n\n\t\t输入错误......");
            break;
    }

    system("pause");

    return 0;
}
```

本章小结

当程序执行到某个节点时,可能会有多个分支进行选择,此时就会使用分支结构。分支较少,可采用 if … else 结构;分支较多,可采用 switch 结构。在条件语句使用中,应注意"{}"的使用规范,同时注意关系比较的正确使用,如赋值符号与等于符号的区别、多条件的数学关系比较与程序设计中关系比较的区别。switch 结构只支持整型的情况,还要注意 break 的作用。

练 习 题

一、代码分析题

1. 分析下面的语句,为什么程序编译时会出错?
```
if(a>b);
    max=a;
else
    max=b;
```

2. 将下面的语句用中文进行翻译,描述其逻辑含义。当 a<=b 时,printf 是否执行?为什么?
```
if(a>b)
```

```
            max=a;
            printf("max=%d",a);
```

3. 分析如下代码是否符合语法规则并说明原因。
```
    if(a>b)
            max=a;
            printf("max=%d",a);
    else
            max=b;
            printf("max=%d",b);
```

4. 分析如下语句的打印输出执行结果与 a 的值是否相关并说明原因。当 b=1 时执行结果是什么？当 b=0 时执行结果是什么？
```
    if(a=b)
    {
            printf("a=b");
    }
```

5. 分析如下代码是否合适并说明原因。
```
    float x;
    if(x==1.1f)
    {
            printf("x==1.1");
    }
```

二、程序分析题

1. 分析以下程序是否存在问题。如有问题，如何改正以实现判断一个数的奇偶性。
```
#include <stdio.h>
void main()
{
    int num;// 数字

    printf("input num:");
    scanf("%d",&num);

    if(num%2=0);// 是否能被 2 整除
    {
            printf("it is even!");
    }
    else
    {
            printf("it is odd!");
    }
```

}

2. 分析如下代码，写出程序执行的结果。

```c
#include <stdio.h>
int main()
{
    int a = 4;
    switch(a > 5)
    {
    case 0:
        printf("this is 0\n");
        break;
    case 1:
        printf("this is 1\n");
        break;
    case 2:
        printf("this is 2\n");
        break;
    default:
        printf("this is default\n");
    }
    return 0;
}
```

3. 分析代码，当输入成绩为 90 时程序执行结果是什么？

```c
#include <stdio.h>
#include <stdlib.h>
int main()
{
    float score;
    int   grade;

    printf("请输入您的考试成绩:");
    scanf("%f", &score);

    // 数据有效性，保证数据在 0-100
    if(score<0 || score>100)
    {
        printf("请重新输入!\n");
        return;
    }
```

```
    grade=(int)(score/10);// 将分数映射为 0-10

    switch(grade)
    {
        case 9:
        case 10:
            printf(" 优秀 !\n");
        case 8:
            printf(" 良好 !\n");
        case 7:
        case 6:
            printf(" 及格 !\n");
        case 0:
        case 1:
        case 2:
        case 3:
        case 4:
        case 5:
            printf(" 补考！继续努力！");
            break;
        default :
            break;
    }
    system("pause");
}
```

三、编程题

1. 判断一个整数能否被 3，5 或 7 整除，且能被谁整除就输出它能被谁整除，如均不能整除则输出均不能整除。

2. 编写程序实现如下分段函数：

$$y = -x+2.5. \qquad 0 \leqslant x < 5$$
$$y = 2-1.5(x-3)(x-3) \quad 5 \leqslant x < 10$$
$$y = x/2 - 1.5 \qquad 10 \leqslant x < 20$$

要求 x 的输入范围为 $0 \sim 20$。

3. 根据邮件的质量和用户是否选择加急计算邮费。计算规则：质量在 1 000 克以内（含 1 000 克），基本费 8 元；超过 1 000 克的部分，每 500 克加收超重费 4 元，不足 500 克部分按 500 克计算；如果用户选择加急，则收取加急费 5 元。

4. 键盘录入 3 个整数数据，获取这 3 个数据中的最大值。

5. 判断某年是否是闰年。闰年的条件是能被 4 整除但不能被 100 整除的数，或者是能被 400 整除的数。

6. 给三角形的三边 a, b, c 赋值, 在三边满足三角形条件的情况下求三角形的面积, 否则输出这三边不能构成三角形。面积公式为 $s=\sqrt{p(p-a)(p-b)(p-c)}$, 其中 $p=(a+b+c)/2$。函数库 math.h 中开平方根函数为 sqrt(data), 如求 5 的平方根即 sqrt(5)。

7. 如果一元二次方程 $ax^2+bx+c=0$ 有解, 则输出两个实数根; 如果无解, 则输出此方程无解。

8. 求一元二次方程 $ax^2+bx+c=0$ 的根。如果 $a=0$, 输出"方程无解"; 如果 $b^2-4ac=0$, 显示"$x_1=x_2=?$"; 如果 $b^2-4ac>0$, 显示"$x_1=?, x_2=?$"; 如果 $b^2-4ac<0$, 显示"$x_1=a+bi, x_2=c+di$"。其中"?"表示数值, "i"表示虚数单位。

9. 编写一个简单的计算器程序, 实现求两个数的加、减、乘、除。

10. 假设个人所得税为: 税率 ×(工资 － 1 600)。编写程序计算应缴的所得税。其中, 税率定义为: 工资不超过 1 600 时, 税率为 0; 工资在区间 (1 600, 2 500] 时, 税率为 5%; 工资在区间 (2 500, 3 500] 时, 税率为 10%; 工资在区间 (3 500, 4 500] 时, 税率为 15%; 工资超过 4 500 时, 税率为 20%。

11. 编程实现如下功能:

输入格式: 在一行中给出 2 个 4 位正整数, 其间以空格分隔, 分别表示火车的出发时间和到达时间。每个时间的格式为 2 位小时数(00～23) 和 2 位分钟数(00～59), 且假设出发和到达在同一天内。

输出格式: 在一行输出该旅途所用的时间, 格式为"hh:mm", 其中"hh"为 2 位小时数, "mm"为 2 位分钟数。

输入样例: 1201 1530

输出样例: 03:29

12. "三天打鱼两天晒网"是中国的一句俗语。假设某人从某天起开始"三天打鱼两天晒网", 问此人在以后的第 N 天中是"打鱼"还是"晒网"?

输入格式: 在一行中给出一个不超过 1 000 的正整数 N。

输出格式: 在一行中输出此人在第 N 天中是"Fishing"(即"打鱼")还是"Drying"(即"晒网"), 且输出" in day N"。

输入样例 1: 103

输出样例 1: Fishing in day 103

13. 判断一个 5 位数是不是回文数。例如 12321 是一个回文数, 即其个位与万位相同、十位与千位相同。

14. 记录编写程序时遇到的错误现象, 分析错误原因并给出解决方案。

第七章

匠人愚公移山之坚持
——循环控制结构

一般情况下,语句是按顺序执行的,即函数中的第一条语句先执行,接着执行第二条语句。有时可能需要多次执行同一块代码。如果重复写相同的代码,代码量的增长将不可预测,不仅增加程序的复杂性,还导致程序维护困难,如需要更改代码功能时,重复之处都需要同步修改,并有可能导致更改不一致。使用循环结构可以解决这类问题。

第一节 for 循环

for 语句
基本语法

for 语句
应用

for 循环允许编写一个执行指定次数的循环控制结构。
for 循环的语法结构如下:

```
for(init; condition; increment)
{
    statement(s);
}
```

init 首先被执行,且只执行一次。这一步允许声明并初始化任何循环控制变量。也可以不在这里写任何语句,只要有一个分号出现即可。

接下来判断 condition。如果为真,则执行循环主体 statement(s)。如果为假,则不执行循环主体,且控制流会跳转到紧接着 for 循环的下一条语句。

执行完 for 循环主体后,控制流会跳回上面的 increment 语句。该语句允许更新循环控制变量。该语句可以留空,只要在条件后有一个分号出现即可(由需求决定)。条件 condition 将再次被判断。如果为真,则执行循环 statement。这个过程会不断重复(循环主体,然后增加步值,再重新判断条件)。当条件变为假时,for 循环终止。for 循环结构流程图如图 7-1 所示。

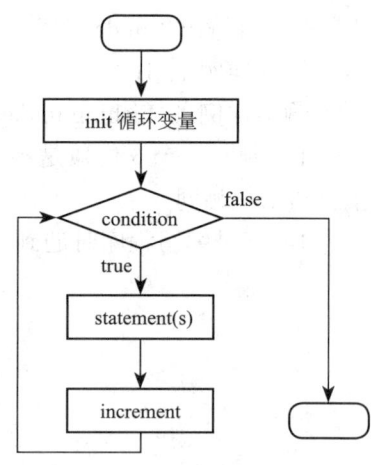

图 7-1 for 循环结构流程图

注意 for 循环的常见问题：

（1）init, condition 和 increment 三个表达式之间是用分号";"隔开的，不要写成逗号。

（2）for(init; condition; increment) 的后面需不需要加分号呢？加分号没有语法错误，不过这样往往得不到实际需要的结果。分析如下语句：

```
for(init; condition; increment);
{
    statements;
}
```

for 循环语句中，如果循环体只有一句话，"{}"是可以省略的。在 C 语言中只有一个分号代表空语句，因此上述语句的实际意思为：

```
for(init; condition; increment)
{
    ;
}

{
    statements;
}
```

这很可能不是编程者实际想要的结果。

下面介绍求 1+2+3+4+…+100 的和的编程实现。

分析：这个数学表达式完成求和的功能，假设这个和用变量 sum 表示，最开始时 sum=0，在以后求和的过程中可以理解为：

sum=sum+1; // 前 0 项的和与 1 相加
sum=sum+2; // 前 1 项的和与 2 相加
sum=sum+3; // 前 2 项的和与 3 相加
sum=sum+4; // 前 3 项的和与 4 相加

直到最后一项：

sum=sum+100; // 前 99 项的和与 100 相加。

整个过程体现的流程图如图 7-2 所示。

如果采用上述方式，代码冗余。观察可以发现，计算过程中反复执行的是"sum=sum+i"（$1 \leqslant i \leqslant 100$）。这就是循环，体现该编程逻辑的程序流程图如图 7-3 所示。

示例 7-1

```c
#include <stdio.h>
void main()
{
    int i;   // 循环变量,控制循环
    int sum = 0;   //sum 的意思是"和"
```

```
    for(i=1; i<=100; ++i)   //++ 是自加的意思，可以替换为 i = i + 1
    {
        sum = sum + i;   /* 等价于 sum += i; 但是 sum = sum + i 看起来更易理解 */
    }

    printf("sum = %d\n", sum);
}
```

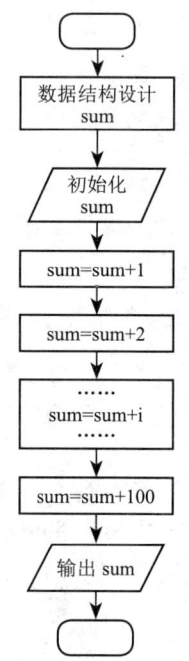

图 7-2　顺序结构求和程序流程图

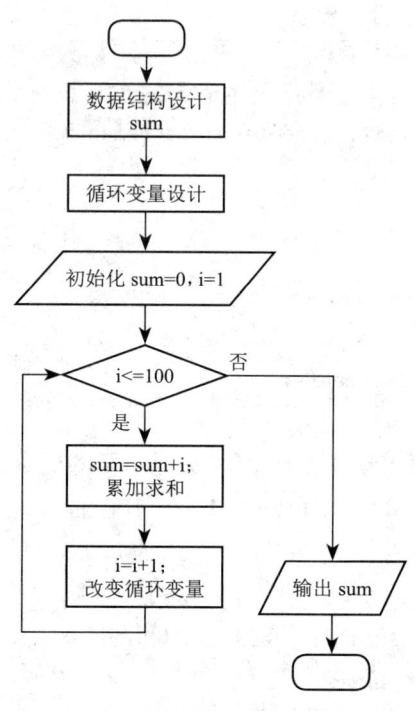

图 7-3　for 循环结构求和程序流程图

上述程序执行过程为：

求解表达式 1，即"i=1"，给变量 i 赋初值，表达式 1 将只执行这一次，以后不会再执行。

求解表达式 2，即"i<=100"，由于"1<=100"成立，故执行 for 循环中的内嵌语句，即 sum=0+1。

执行表达式 3，变量 i 自加 1，即变量 i 由 1 变为 2。

再求解表达式 2，"2<=100"成立，则执行 for 循环中的内嵌语句，sum=0+1+2。

执行表达式 3，变量 i 自加 1，即变量 i 由 2 变为 3。

再求解表达式 2，"3<=100"成立，则执行 for 循环中的内嵌语句，sum=0+1+2+3。

……

这样一直循环下去，直到"++i"等于 100 时，求解表达式 2，即"100<=100"成立，则执行 for 循环中的内嵌语句，sum=0+1+2+3+…+100。然后执行表达式 3，变量 i 自加 1，即变量 i 由 100 变为 101。再求解表达式 2，"101<=100"不成立，则结束循环，执行 for 循环下面的语句，即 printf 语句。

从上述例子可以发现,在进行循环类程序时,需把握循环变量、循环条件、循环增量以及循环体分别由什么来控制及完成。在设计过程中,如果计数变量和循环条件设计不合理,有可能造成死循环,循环无法正常退出,永不停止。如果不是故意需要设计成死循环,在设计循环变量计数和循环条件时一定要注意死循环的问题。

第二节　while 循环

只要给定的条件为真,C 语言中的 while 循环语句就会重复执行一个目标语句。

语法:
```
while(condition)
{
   statement(s);
}
```

while 语句基本语法　　while 语句应用

当 condition 表达式为真时,执行下面的语句 statement(s);语句执行完后再判断 condition 表达式是否为真,如果为真,则再次执行下面的语句 statement(s);然后继续判断 condition 表达式是否为真……这样循环下去,直到 condition 表达式为假,跳出循环。这就是 while 循环的执行顺序。

在这里,statement(s) 可以是一个单独的语句,也可以是几个语句组成的代码块。需要注意的是,执行语句 statement(s) 无论有多少行,就算只有一行也要加"{}",这是良好的编程习惯。

condition 可以是任意的表达式,当值为任一非零的数值时都为 true。当条件为 true 时执行循环,当条件为 false 时退出循环,程序流将继续执行紧接着循环的下一条语句。

while 循环程序流程图如图 7-4 所示。

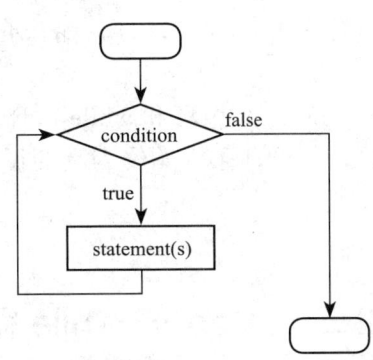

图 7-4　while 循环结构程序流程图

while 循环的关键点是循环可能一次都不会执行。当条件为 false 时,跳过循环主体,直接执行紧接着 while 循环的下一条语句。

在 while 循环结构中,循环条件为假时才能退出循环。对于如何让循环条件由满足逐渐变成不满足,在循环中常定义循环变量,通过在循环体语句中改变循环变量的值,使循环条件不成立。

利用 while 循环编程实现 1+2+3+4+⋯+100 之和的程序流程图如图 7-5 所示。

示例 7-2

```c
#include <stdio.h>
int main()
{
    int i = 1;      // 循环变量初始化,等价于 for 循环
                    //   的表达式 1
    int sum = 0;

    while (i<=100)  // 循环条件,等价于 for 循
                    //   环的表达式 2
    {
        sum = sum +i;   // 等价 for 循环的循环体
        ++i;            // 改变循环变量,等价于 for 循环的表达式 3
    }
    printf("sum = %d\n", sum);
    return 0;
}
```

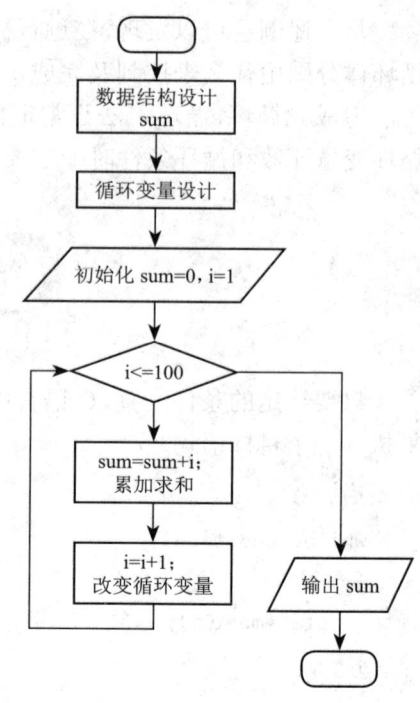

图 7-5 while 循环结构求和程序流程图

这与示例 7-1 中用 for 循环实现的程序是完全等价的。在 for 循环的格式中,表达式 1、表达式 2 和表达式 3 在 while 循环中一个也不少,只不过不像 for 循环那样写在一起,而是分开写(参考示例代码中的注释)。

实际上所有的 for 循环都可转化成 while 循环,所有的 while 循环也都可转化成 for 循环,即 for 循环和 while 循环可相互转换。

当程序中需要用到循环结构时,for 循环和 while 循环都可使用,具体如何选择要根据实际情况来分析。例如,死循环(循环条件始终为真的循环)往往用 while(1),也可以用 for(;;) 来表示死循环。

第三节 do⋯while 循环

for 循环和 while 循环是在循环头部测试循环条件。与此不同,C 语言中的 do⋯while 循环是在循环的尾部测试循环条件。do⋯while 循环与 while 循环类似,但是 do⋯while 循环会确保至少执行一次循环。

语法：
do
{
    statement(s);
}while(condition);

条件表达式 condition 出现在循环的尾部，所以循环中的 statement(s) 会在条件被测试之前至少执行一次。如果条件为真，控制流会跳转回上面的 do，然后重新执行循环中的 statement(s)。这个过程会不断重复，直到给定条件变为假为止，如图 7-6 所示。

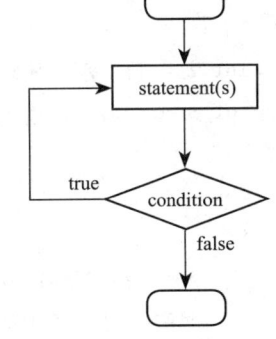

图 7-6　do … while 循环结构程序流程图

do … while 循环和 while 循环的执行过程非常相似，唯一区别是：do … while 先执行一次循环体，再判别表达式。当表达式为真时，返回重新执行循环体，如此反复，直到表达式为假为止，循环结束。

while 循环和 do … while 循环不能相互转换。这是因为 while 循环体内部不一定会执行（当表达式一开始就为假时它将不会执行），但 do … while 循环无论表达式开始是为真还是为假，循环体内部都会先执行一次。因此，只有当第一次循环条件都为真时 while 循环和 do … while 循环才能相互转换。

利用 do … while 循环编程实现 1+2+3+4+…+100 之和的程序流程图如图 7-7 所示。

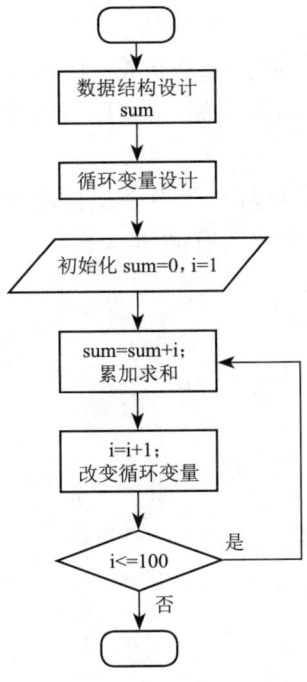

图 7-7　do … while 循环结构求和程序流程图

示例 7-3

```c
#include <stdio.h>
int main()
{
    int i = 1;      // 循环变量初始化,等价于 for 循环的表达式 1
    int sum = 0;

    do
    {
        sum = sum +i;   // 等价于 for 循环的循环体
        ++i;            // 改变循环变量,等价于 for 循环的表达式 3
    }while (i ≤ 100);   // 循环条件,等价于 for 循环的表达式 2

    printf("sum = %d\n", sum);
    return 0;
}
```

第四节　循环控制语句

循环控制语句可改变代码的执行顺序,通过它可实现代码的跳转。

1. break 语句

当 break 语句出现在一个循环内时,无论是 for 循环,还是 while 循环,或者是 do … while 循环,都可以用 break 立即终止循环,跳出循环,程序流将继续执行紧接着循环外的下一条语句。

需要注意 break 只能跳出一层循环。当有多层循环嵌套时,break 只能跳出"包裹"它的最里面的那一层循环,无法一次跳出所有循环。

1) 单重循环情况

```
while( 循环判断表达式 )
{
   ……
   if( 条件表达式 )
      break;
      循环体中 break 后的语句 ;
}
循环体后的第 1 条语句 ;
循环体后的第 2 条语句 ;
……
```

在循环体中,当满足一定条件执行到 break 语句时,将终止 break 所在的该层循环,即"循环体中 break 后的语句"不再被执行,程序执行流程跳转到从"循环体后的第 1 条语句"处继续往后执行。

2)多重循环情况

for (; 循环判断表达式 1;)
{
　　……
　　for(; 循环判断表达式 2;)
　　{
　　　　……
　　　　if(条件表达式)
　　　　{
　　　　　　break;
　　　　}
　　　　内层循环体中 break 后的语句 ;
　　}
　　内层循环结构后的第 1 条语句 ;
　　内层循环结构后的第 2 条语句 ;
　　……
}

在内层循环中,当满足一定条件执行到 break 语句时,程序仅仅结束 break 所在内层循环的执行,程序执行流程跳转到"内层循环结构后的第 1 条语句"所在的外层循环体处,继续往后执行。

示例 7-4

```
#include<stdio.h>
int main()
{
    int s=0,i;

    for(i=1;i<=10;i++)
    {
        if(i==6)
        {
            break;
        }
        s+=i;
    }

    printf("sum=%d\n", s);
```

```
        return 0;
}
```

当 i<6 时，均不执行 break 语句。即 i==5 时，相当于执行加法运算 s=1+2+3+4+5=15。当 i==6 时执行 break 语句，立即终止 break 语句所在层的 for 循环，接着从 for 循环结构后的第一条语句"printf("sum=%d\n",s);"处继续执行。程序运行结果为 sum=15。

注意：break 常与 if 语句连用，以此退出死循环，这是用于非正常退出循环的一种编程方式。为更好地理解该语句的执行，最好的方法是在编译工具中加断点，逐步调试跟踪代码的运行过程。

2. continue 语句

C 语言中的 continue 语句类似 break 语句，但 continue 不是强迫终止，而是跳过当前循环中的代码，强迫开始下一次循环。其作用为结束本次循环，即跳过循环体中下面尚未执行的语句，然后进行下一次是否执行循环的判定。

对于 for 循环，continue 语句执行后增量表达式仍然会执行。对于 while 循环和 do…while 循环，continue 语句重新执行条件判断语句。

continue 语句的执行流程如下（以 for 循环结构为例）：

```
for(初始表达式;循环判断表达式;增量表达式)
{
  ......
  if(条件表达式)
  {
    continue;
  }
  循环体中 continue 后的所有语句;
}
```

当上述 for 循环中执行到 continue 语句时，本次循环体的执行流程将跳过"循环体中 continue 后的所有语句"，接着执行"增量表达式"部分，然后执行"循环判断表达式"，即提前进入下一次循环的准备工作。

示例 7-5

```
#include<stdio.h>
int main()
{
    int s=0,i;
    
    for(i=1;i<=10;i++)
    {
        if(6==i)
            continue;
        s+=i;
```

```
    }
    printf("sum=%d\n",s);
    return 0;
}
```

程序分析：

（1）当 i≤5 时，反复执行"s+=i;"，即当 i=5 时，s=1+2+3+4+5。

（2）当 i=6 时，执行 continue 语句，本次循环体中 continue 后的语句"s+=i;"将被忽略，接着执行增量表达式 i++，这样 6 就没有累加到 s 上。

（3）循环并未退出，后续的循环中反复执行"s+=i;"，直到不满足循环条件。程序功能相当于将 1～10 中除 6 外的 9 个数累加到 s 上，即 s=1+2+3+4+5+7+8+9+10=49。

提醒：continue 语句与 break 语句的区别是：continue 语句结束本次循环，而不是终止整个循环；break 语句则是结束整个循环过程，不再判断执行循环的条件是否成立。

第五节 实践出真知——循环实例

1. 计算 1～100 中奇数的和。

- 计算思维

（1）根据问题域，求解 1+3+5+7+…+99 的和，其计算过程可描述为：

sum=sum+1;
sum=sum+3;
sum=sum+5;
……
sum=sum+99;

从现实世界到逻辑世界的映射

（2）求和算法模型：观察规律，可形成通式计算模型 sum=sum+i。

（3）奇数判断算法模型：i%2!=0，奇数者模 2 不等于 0，偶数者模 2 为 0。

（4）算法流程如图 7-8 所示。

- 工程思维

（1）对于反复求和问题，为避免代码重复，采用循环结构。

（2）程序书写遵循空行、注释、缩进、命名等规范。

（3）交互使用 printf 语句，体现良好的人机对话。

（4）循环结构涉及块操作，无条件采用"{}"。

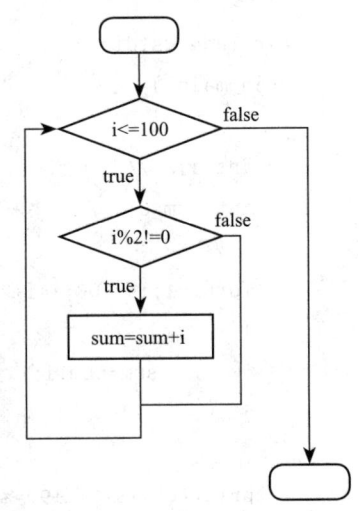

图 7-8 求和程序流程图

● 代码编写

程序的实现过程中按照工程规范进行编写,代码的编写依据流程图用计算机程序语言对算法进行翻译。

示例 7-6

```c
#include <stdio.h>
void main()
{
    int i;   // 循环变量
    int sum=0;   // 如果未初始,系统常指定一个负数,故必须初始化

    for(i=1;i<=100;i++)   //1-100,每个数都判断
    {
        if(i%2 !=0)   // 奇数的语言翻译
        {
            sum=sum+i;   // 满足奇数就累加
        }
    }

    printf("1+3+5+…+99=%d",sum);   // 人性化输出
}
```

在上述代码中,循环要执行 100 次。如何减少次数以提高效率呢?由数学常识知道 1 为奇数,奇数加 2 仍是奇数。按照该计算思维,只需要将循环变量初始值设为 1,循环变量改变为逐步加 2,这样就能略过所有偶数。代码修改为:

示例 7-7

```c
#include <stdio.h>
void main()
{
    int i;   // 循环变量
    int sum=0;   // 如果未初始,系统常指定一个负数,故必须初始化

    for(i=1;i<=100;i=i+2)   //i 将是奇数
    {
        sum=sum+i;   // 奇数累加
    }

    printf("1+3+5+…+99=%d",sum);   // 人性化输出
}
```

上面程序的计算结果一样,但示例7-8的效率提高了,因为减少了循环次数。这里要注意for循环中改变增量的语句不是i++而是i=i+2,可见for循环中的3个表达式使用非常灵活。

注意:求和变量sum应初始化,因为求和前sum的值为0才符合逻辑,所以通过"int sum=0;"完成初始化。如果未初始化,只做变量声明"int sum;",编译系统可能指定一个负数,显然用这个负数与1,3,5,…,99求和将不能得到正确的结果。

2. 求 *n*! 的值。

● 计算思维

(1)根据问题域,求 *n* 的阶乘的计算过程可描述为 *n*!=1×2×3×4×…×*n*,其程序过程相当于:

  s=1;
  s= s*1;
  s= s*2;
  s= s*3;
  ……
  s= s*n;

(2)算法模型:观察规律,可形成通式计算模型 s=s*i。
(3)算法流程如图7-9所示。

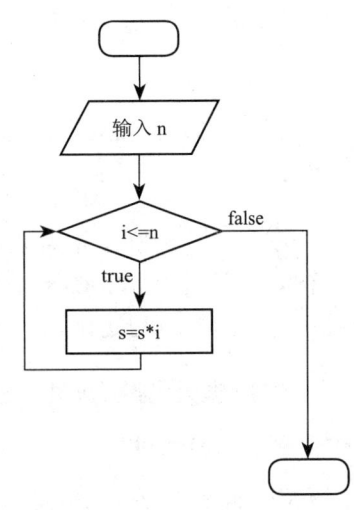

图 7-9 求阶乘程序流程图

● 工程思维

(1)对于反复求和问题,为避免代码重复,采用循环结构。
(2)程序书写遵循空行、注释、缩进、命名等规范。
(3)交互使用 printf 语句,体现良好的人机对话。
(4)循环结构涉及块操作,无条件采用"{}"。
(5)"s=s*i;"也可写成"s*=i;",但工程中为强调代码的可读性,应减少复合语句的书写。

● 代码编写

程序的实现过程中按照工程规范进行编写,代码的编写依据算法流程图用计算机程序语言对算法进行翻译。

示例 7-8

```
#include <stdio.h>
void main()
{
    long s=1;    // 求乘积,积初始为 1
    int n;       // 求哪个数的阶乘
    int i;       // 循环变量
```

```
// 输入
printf("input n:\n");
scanf("%d",&n);

// 处理
for(i=1;i<=n;i++)    //1 至 n 的每个数都要进行乘积运算
{
        s=s*i;    // 反复执行循环体
}

// 输出
printf("%d !=1*2*…*%d=%d",n,n,s);
}
```

注意：与求和计算类似，该程序也需要注意初始化问题，即"long s=1;"。初学者常忘记进行有效的变量初始化。

3. 求两个正整数 *m* 和 *n* 的最大公约数。

● **计算思维**

（1）问题抽象，求解最大公约数就是找能同时被 m 和 n 整除的最大数。

（2）算法模型：m%x=0, n%x=0，即满足条件的最大值。

（3）算法实现流程：首先找到两个数中较小的数作为除数，然后用 m 和 n 除以除数，如果不能整除，除数减 1，继续用 m 和 n 除以改变后的除数，不断重复，直到满足条件或者除数变为 1 为止。

（4）算法流程如图 7-10 所示。

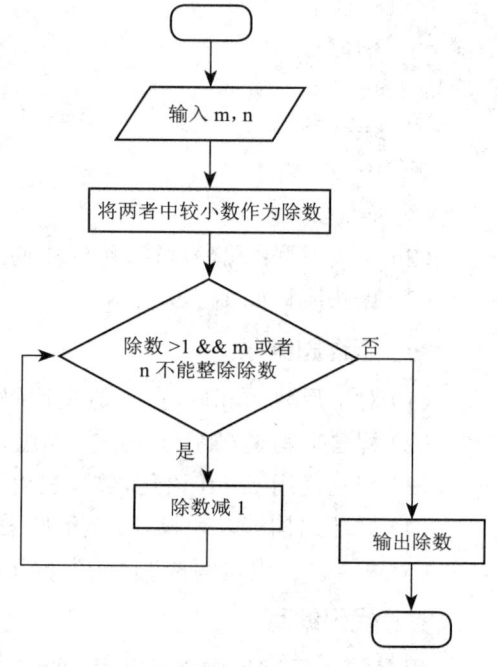

图 7-10 求最大公约数程序流程图

● **工程思维**

（1）对于反复进行整除判断问题，为避免代码重复，采用循环结构。
（2）比较两数大小，采用选择结构。
（3）程序书写遵循空行、注释、缩进、命名等规范。
（4）交互使用 printf 语句，体现良好的人机对话。
（5）循环结构涉及块操作，无条件采用"{}"。

● **代码编写**

程序的实现过程中按照工程规范进行编写，代码的编写依据算法流程图用计算机编程语言对算法进行翻译。

示例 7-9

```c
#include <stdio.h>
void main()
{
    int m,n;
    int gcd;    // 最大公约数

    printf("input m,n:\n");
    scanf("%d%d",&m,&n);

    if(m>n)
    {
            gcd=n;    // 小值可能为公约数,假定它是公约数
    }
    else
    {
            gcd=m;    // 小值可能为公约数,假定它是公约数
    }

    while(gcd>1 && (m%gcd !=0 || n%gcd !=0))    // 不能整除说明不是
    {
            gcd--;
    }

    printf("%d and %d   gcd is %d",m,n,gcd);// 可能为1
}
```

注意：在条件表达式中，"gcd>1 && (m%gcd!=0 || n%gcd!=0)"表示只要 gcd 大于 1，如果 m 和 n 中有一个数不能被整除，则这个 gcd 就不是公约数。这同时说明当这个条件不成立时，退出循环时有可能是 gcd 等于 1 退出的，也可能是找到了一个不等于 1 但能同时整除 m 和 n 的数。

上述代码在循环中，循环变量每次减少 1 来选择最大公约数，效率比较低，实际上解决上述算法有更好的数学模型，即欧几里德算法。

第 1 步：求 m 除以 n 的余数 r。
第 2 步：当 r!=0 时，执行第 3 步，当 r==0 时，n 就是最大公约数，算法结束。
第 3 步：修改 m 和 n，将第 1 步中的 n 赋值给 m，将第 1 步中的 r 赋值给 n，重复求 m 除以 n 的余数 r。
第 4 步：程序转到第 2 步。
该算法称为辗转相除法，循环次数以除的方式递减，效率提高。

示例 7-10

```c
#include <stdio.h>
void main()
{
    int m,n;
    int r;

    printf("input m,n:\n");
    scanf("%d%d",&m,&n);

    r=m%n;

    while(r !=0)
    {
        m=n;
        n=r;
        r=m%n;
    }

    printf("gcd is %d",n);
}
```

上述例子说明，实现功能的方法有很多，要考虑空间复杂度和时间复杂度。

4. 校体操队学生到操场集合，按每行 2 人、3 人、4 人、5 人、6 人排列都多出 1 人，当排成每行 7 人时正好不多不少，求体操队学生至少多少人。

● 计算思维

（1）问题抽象：列队问题抽象成数学问题是找被 2，3，4，5，6 除时余数为 1，被 7 除时余数为 0 的整数。

（2）数学模型：$x\%2=1$，$x\%3=1$，$x\%4=1$，$x\%5=1$，$x\%6=1$，$x\%7=0$，求满足条件的最小值。

（3）算法实现流程：对于至少多少人才满足条件的问题，可以逐步枚举进行试验。由于能被 7 整除，所以人数必是 7 的倍数，所以先判断 7 是否满足条件，如果不满足再判断 14，以此重复，直到条件满足后退出循环。

（4）算法流程如图 7-11 所示。

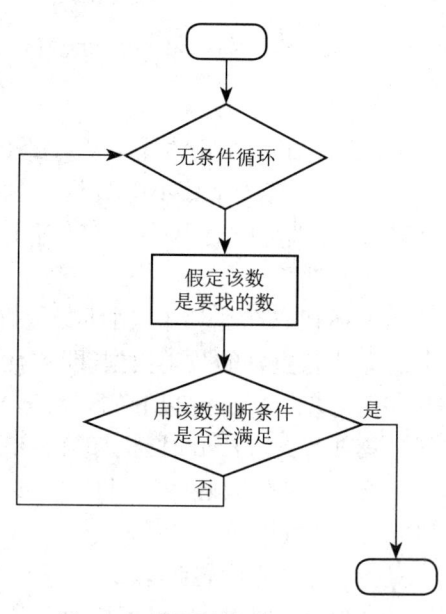

图 7-11 求最小人数程序流程图

● 工程思维

（1）对于反复进行整除判断问题，为避免代码重复，采用循环结构。
（2）程序书写遵循空行、注释、缩进、命名等规范。
（3）交互使用 printf 语句，体现良好的人机对话。
（4）循环结构涉及块操作，无条件采用"{}"。
（5）由于不清楚何时结束，所以采用死循环完成。要退出死循环，必然使用 break 实现非正常退出。

● 代码编写

程序的实现过程中按照工程规范进行编写，代码的编写依据算法流程图用计算机语言对算法进行翻译。

示例 7-11

```c
#include <stdio.h>
void main()
{
    int x;   // 体操队学生有 x 人
    for(x=7;;x=x+7)   // 最小可能是 7 人
    {
        if(x%2!=1)   // 假定不成立,试下一个
        {
            continue;
        }
        if(x%3!=1)   // 假定不成立,试下一个
        {
            continue;
        }
        if(x%4!=1)   // 假定不成立,试下一个
        {
            continue;
        }
        if(x%5!=1)   // 假定不成立,试下一个
        {
            continue;
        }
        if(x%6!=1)   // 假定不成立,试下一个
        {
            continue;
        }
        // 执行到此,说明所有条件都满足,x 已找到,应退出循环
        break;
```

```
    }
    printf("student number is %d",x);
}
```

注意:"for(x=7;;x=x+7)"是一个只有初始值和步长变化的无限循环语句,结合 break 实现非正常退出;continue 的目的是寻找下一个满足条件的数。

5. 把一个合数分解成若干个质因数乘积的形式叫做分解质因数,分解的质因数只针对合数,如 36=2×2×3×3。

● 计算思维

(1)问题抽象,分解质因数问题抽象成数学问题即整数问题。

(2)数学模型:找 m%n==0。

(3)算法实现流程:

第 1 步:最小的质因数是 2,所以首先找出所有的质因数 2,即 36/2=18;找到一个质因数 2 后,接下来找剩下的值 18 中是否有质因数 2,即 18/2=9;重复此过程,直到找不到质因数 2。

第 2 步,质因数 2 找完后,加 1 变成 3,继续从剩下的值中找质因数 3,即 9/3=3;找到一个质因数 3 后,接下来找剩下的值 3 中是否有质因数 3,即 3/3=1;重复此过程,直到找不到因数 3。

重复上述第 1 步和第 2 步的操作,直到该数变成 1 为止。如第 2 步执行完后值就变为 1,则循环结束。

(4)算法流程如图 7-12 所示。

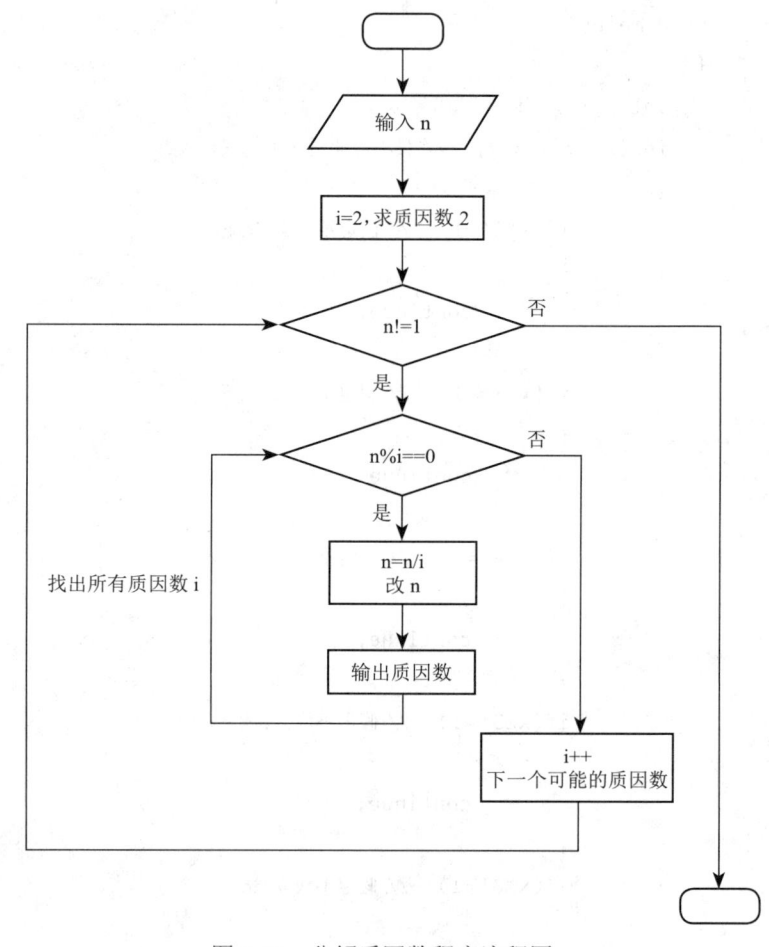

图 7-12 分解质因数程序流程图

● 工程思维

(1)对于反复进行整除判断问题,为避免代码重复,采用循环结构。

（2）一个质因数可能会多次使用，故为循环结构。
（3）可能有多个不同的质因数，故为循环结构。

● **代码编写**

程序的实现过程中按照工程规范进行编写，代码的编写依据算法流程图用计算机语言对算法进行翻译。

示例 7-12

```
#include <stdio.h>
void main()
{
    int n;     // 合数
    int i=2;   // 质因数

    printf("input n:\n");
    scanf("%d",&n);

    while(n!=1)    // 还有质因数
    {
        while(n%i==0)    //i 是 n 的质因数
        {
            printf("%d",i);    // 输出质因数 i
            n=n/i;    // 改变 n,除当前质因数后剩下的值

            if(n!=1)    // 还有质因数,输出乘号 *
            {
                printf("*");
            }
        }

        i++;    // 退出内层 while 循环,质因数 i 已经找完,需要找下一个质因数
    }
    // 此时,n 已经变成 1,所有质因数都已求完
}
```

注意：不要过于陷入多层循环，只需按业务需求实现，有重复就用循环。

6. 给定一个整数，将该数倒转，并显示倒转之后的数。

● **计算思维**

对于任意一个数，其倒转（逆序求解）过程如图 7-13 所示。

新数	0	0*10+4=4	4*10+3=43	43*10+2=432	432*10+1=4321
1234		第一次	第二次	第三次	第四次
1		4	4*10	4*10*10	4*10*10*10
2			3	3*10	3*10*10
3				2	2*10
4					1
旧数	1234	123	12	1	0

图 7-13　逆序求解过程图

倒转中旧数变成 0,则停止倒转。

过程模拟：

初始化：新数 =0,旧数 =1234。

第 1 步：取旧数个位 4,形成新数 0×10+4=4,旧数变成 1234/10=123。

第 2 步：取旧数个位 3,形成新数 4×10+3=43,旧数变成 123/10=12。

第 3 步：取旧数个位 2,形成新数 43×10+2=432,旧数变成 12/10=1。

第 4 步：取旧数个位 1,形成新数 432×10+1=4321,旧数变成 1/10=0。

旧数变成 0,结束重复。

数学模型：

（1）取旧数个位。

（2）新数 ×10+ 旧数个位数。

（3）旧数 = 旧数 /10。

（4）重复 1～3 步,直到旧数为 0。

（5）输出新数。

逆序求解程序流程图如图 7-14 所示。

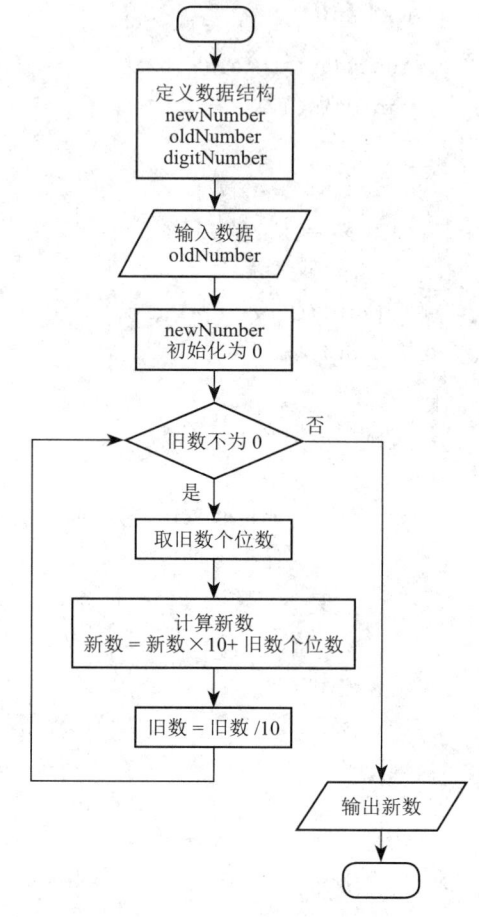

图 7-14　逆序求解程序流程图

● 代码编写

程序的实现过程中按照工程规范进行编写,代码的编写依据算法流程图用计算机语言对算法进行翻译。

示例 7-13

```c
#include <stdio.h>
int main()
{
    int oldNumber;    // 输入的任意整数
    int newNumber;    // 翻转后的整数
    int digitNumber;  // 个位数
    int iniValue;
```

```
        newNumber=0;

        printf("input n:");
        scanf("%d",&iniValue);

        oldNumber=iniValue;

        while(oldNumber!=0)
        {
                digitNumber=oldNumber%10;
                newNumber=newNumber*10+digitNumber;
                oldNumber=oldNumber/10;
        }
        printf("%d converse is %d",iniValue,newNumber);
        return 0;
}
```

7. 将穷举法应用于韩信点兵。韩信有一队兵，想知道有多少人，让士兵报数。若按 1 到 5 报数，最后一名士兵报 1；若按 1 到 6 报数，最后一名士兵报 5；若按 1 到 7 报数，最后一名士兵报 4；若按 1 到 11 报数，最后一名士兵报 10。编程计算韩信至少有多少士兵。

- **计算思维**

从 1 开始报数，实际上是求余数的问题。假设士兵人数为 n，则士兵人数满足以下关系：

n%5==1;
n%6==5;
n%7==4;
n%11==10;

人数求解问题实际上是从 n=1 开始，看是否同时满足上面 4 个条件。如果不满足任何一个条件，则 n 加 1，直到找到同时满足 4 个条件的数，就是至少的士兵数。

韩信点兵程序流程图如图 7-15 所示。

- **代码编写**

程序的实现过程中按照工程规范进行编写，代码的编写依据算法流

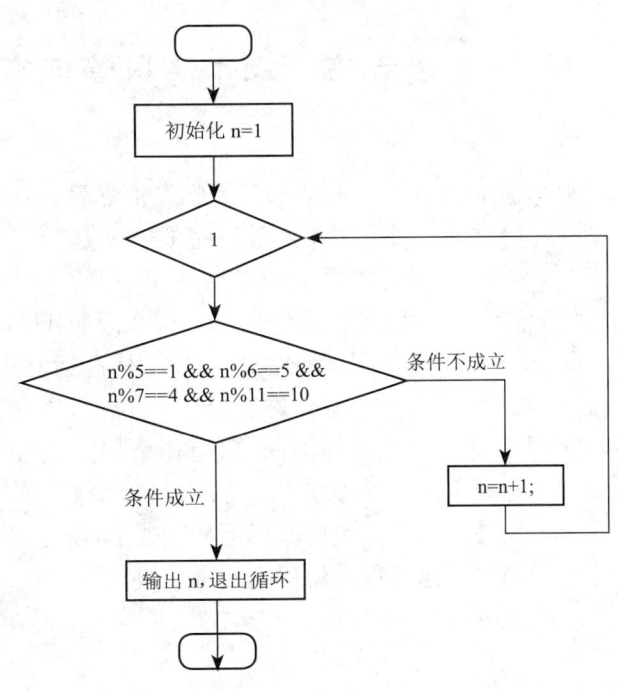

图 7-15　韩信点兵程序流程图

程图用计算机语言对算法进行翻译。

示例 7-14

```
#include <stdio.h>
void main()
{
    int n=1;

    while(1)    // 穷举
    {
        if(n%5==1 && n%6==5 && n%7==4 && n%11==10)    // 条件满足时执行
        {
            printf("n=%d",n);
            break;    // 终止尝试
        }
        else
        {
            n=n+1;
        }
    }
}
```

第六节　学生信息管理系统中循环结构的应用

用循环构建学生信息管理系统

在第六章的学生信息管理系统中,当用户完成一次选择操作后程序自动退出,用户无法进行其他选择。在实际应用中,当用户添加完学生信息后,可能还会进行修改或查询,用户可以反复多次选择不同的菜单进行操作,直到用户选择退出菜单程序才终止。

学生信息管理系统操作界面如图 5-8 所示,学生信息管理系统程序流程图如图 7-16 所示。

```
#include <stdio.h>

int main()
{
```

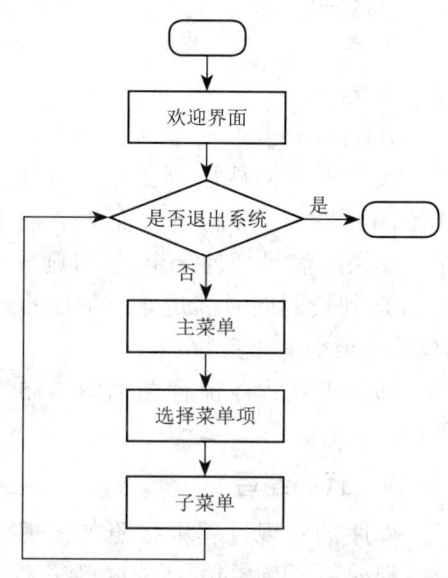

图 7-16　学生信息管理系统程序流程图

```c
int menu_number;    // 主菜单序号选择

// 欢迎界面
printf("\n\n\n");
printf("\t************************************************************\n\n");
printf("\t          * 帅哥美女们，欢迎使用学生信息管理系统 *\n\n");
printf("\t*     SWPU 程序设计课程组肖斌为您服务        *\n\n");


printf("\t           *         *              *        *\n") ;
printf("\t           *  *   *  *         *  *  *  *\n");
printf("\t         *      *      *     *    *    *        *\n");
printf("\t       *                *   *         *        **\n");
printf("\t************************************************************\n") ;
printf("\t         *          *    *          *        **\n");
printf("\t           *         *    *         *        *\n");
printf("\t             *      *       *       *   *\n");
printf("\t                * *               * *  \n");
printf("\t                       \n");
printf("\t                             ------ 程序设计基础课程组 ");


printf("\n\n\n\t");
system("pause");

for( ;; )// 等价替换 while(1); do while(1);
{
        // 进入系统主界面
        system("cls");
        printf("\t\t|* * * * 学生信息管理系统 * * * * |\n");
        printf("\t\t|...................................|\n");
        printf("\t\t| 请选择操作菜单序号（0-6) |\n");
        printf("\t\t|...................................|\n");
        printf("\t\t| 1---- 学生信息录入  |\n");
        printf("\t\t| 2---- 学生信息排序  |\n");
        printf("\t\t| 3---- 学生信息查询  |\n");
        printf("\t\t| 4---- 学生分类查询  |\n");
        printf("\t\t| 5---- 学生信息删除  |\n");
        printf("\t\t| 6---- 学生信息修改  |\n");
        printf("\t\t| 0---- 退  出 |\n");
        printf("\t\t|...................................|\n");
```

```c
            printf("\t\t|* * * * * * * * * * * * * * * *|\n");
            
            printf("\n\t 请选择序号: ");
            scanf("%d", &menu_number);
            
            // 选择菜单项进入下一级菜单操作
            system("cls");
            switch(menu_number)
            {
                    case 0:    // 退出系统
                    printf(" 退出系统......\n");
                    printf(" 操作完毕,返回主菜单继续......");
                    break;
                    case 1:    // 学生信息录入
                    printf(" 添加学生......\n");
                    printf(" 操作完毕,返回主菜单继续......");
                    break;
                    case 2:    // 学生信息排序
                    printf(" 学生排序......\n");
                    printf(" 操作完毕,返回主菜单继续......");
                    break;
                    case 3:    // 学生信息查询
                    printf(" 学生查询......\n");
                    printf(" 操作完毕,返回主菜单继续......");
                    break;
                    case 4:    // 学生分类查询
                    printf(" 学生分类......\n");
                    printf(" 操作完毕,返回主菜单继续......");
                    break;
                    case 5:    // 学生信息删除
                    printf(" 删除学生......\n");
                    printf(" 操作完毕,返回主菜单继续......");
                    break;
                    case 6:    // 学生信息修改
                    printf(" 修改学生......\n");
                    printf(" 操作完毕,返回主菜单继续......");
                    break;
                    default:
                    printf("\n\n\t\t 输入错误......");
                    printf(" 操作完毕,返回主菜单继续......");
```

```
            break;
        }
        system("pause");
    }
    return 0;
```

本章小结

减少代码重复在软件开发中可以提高软件的维护性,在对相同代码进行修改时,通过消除重复可避免修改的不一致性。

在能控制循环次数的情况下往往选择 for 循环,而对循环次数不可预知时往往选择 while 循环。几种循环基本上可以互相转换。

在循环中特别要注意死循环的控制。有时是编写程序错误导致死循环,为此需要加强循环条件的检查;有时是程序需要设计为死循环,这时往往与 if 语句结合,可采用 break 的方式结束循环。

练 习 题

一、分析题

1. 读如下代码,跟踪程序执行过程,寻找规律,指出该程序要解决什么问题。

```
#include <stdio.h>
int main()
{
    int n = 0;
    int i = 0;
    int m = 1;
    int sum=0;

    printf(" 请输入 n 的值 :");
    scanf("%d", &n);

    for(i=1; i<=n; ++i)
    {
        m = m * i;
        sum = sum + m;
    }

    printf ("sum = %d\n", sum);
```

```
        return 0;
}
```

2. for 和 if 的嵌套使用。求 1 ～ 100 之间所有能被 3 整除的数之和。

```
#include <stdio.h>
int main()
{
    int i;
    int sum = 0;

    for(i=3; i<100; ++i)
    {
        if(********)    // 如果能被 3 整除,请补充相应代码
        {
            sum = sum +i;
        }
    }
    printf("sum = %d\n", sum);
    return 0;
}
```

如果不用 if,能被 3 整除的数肯定是 3 的倍数,只要 i 每次自加 3 即可。程序修改:

```
#include <stdio.h>
int main()
{
    int i;
    int sum = 0;

    /*******************************
            请补充相应代码
    *******************************/

    printf("sum = %d\n", sum);
    return 0;
}
```

3. 分析以下程序运行后的输出结果。

```
main()
{
    int y=2;
```

```
        while(y--);
        {
                printf("y=%d",y);
        }
}
```

4. 定义"int i,k;",根据代码判断循环执行的次数是多少。

```
for(i=0,k=-1;k=1;k++)
{
    printf("****\n");
}
```

5. 分析以下代码,说明代码所描述的实际含义。

```
int i;
int sum=0;
for(i=1;i<=n;i++);
{
    sum=sum+i;
}
```

二、编程题

1. 将一堆苹果分给 n 个小朋友,每个小朋友都能分到苹果,且每个小朋友分到的苹果数量不一样。问这堆苹果至少多少个。

2. 菲波那契数列:数列的第 1 个数和第 2 个数都为 1,从第 3 个数开始,每个数都等于前两个数的和。求第 K 个数是多少。(设 $1 \leqslant K \leqslant 46$)

3. 救生船从大本营出发,营救若干屋顶上的人回到大本营,求所有人到达大本营并登陆所用的时间。直角坐标系的原点是大本营,救生船每次从大本营出发,救人后将人送回大本营。坐标系中的点代表屋顶,每个屋顶由其位置坐标和其上的人数表示。救生船每次从大本营出发,以 50 m/min 的速度驶向下一个屋顶,达到一个屋顶后救下其上的所有人,每人上船时间为 1 min,船原路返回,到达大本营,每人下船时间为 0.5 min。输入屋顶数、每个屋顶坐标和人数,求救援需要的时间。

4. 津津的零花钱一直都是自己管理,每个月月初给津津 300 元钱,津津会预算这个月的花销,且总能做到实际花销与预算的相同。为了让津津学习如何存储,妈妈提出津津可以随时把整百的钱存在她那里,到年末她会加上 20% 后还给津津,因此津津制定了一个存储计划:每个月月初在得到妈妈给的零花钱后,如果她预计到这个月月末手中还会有多于 100 元或恰好 100 元,就会把整百的钱存在妈妈那里,剩余的钱会留在自己手中。例如,11 月初津津手中还有 83 元,妈妈给了津津 300 元,津津预计 11 月的花销是 180 元,那么她会在妈妈那里存 200 元,自己留下 183,到了 11 月末,津津手中会剩 3 元钱。现请根据某年 1 月到 12 月每个月津津的预算,如果出现某个月钱不够用,则输出该月并退出程序;如果没有出现这种情况,年末妈妈将津津存的钱加上 20% 还给津津,输出津津这时的钱数。

5. 给定若干个四位数,求出其中满足以下条件的数的个数:个位上的数字减去千位上的数字,再减去百位上的数字,再减去十位上的数字的结果大于零。

6. 输出 1～1 000 之间所有的完全平方数。

7. 计算 $[1-1/3+1/5-1/7+1/9-1/11+\cdots+(-1)^{n+1}\times(2n-1)]\times 4$ 的值。

8. 编写程序,输入 n 的值,求算式 $1/1-1/2+1/3-1/4+1/5-\cdots+(-1)^{n+1}\times 1/n$。

9. 真分数 a/b 转换为小数后,小数点后第 n 位是多少?

10. 幂 a^b 末 3 位是多少?($1 \leqslant a \leqslant 100, 1 \leqslant b \leqslant 10\ 000$)

11. 给定一个整数,将该数倒转,显示倒转之后的数。(注意整数有正负)

12. 对于任意一个正整数,如是奇数则乘以 3 加 1,如是偶数则除以 2,得到的结果继续按照此规则运算,最终能够得到 1,这称为角谷猜想。任意给定一个数,将得到 1 的过程输出。

13. 一个球从某一高度 h 落下,每次落地后弹回原来高度的一半,再落下。编程计算球第 10 次落地时共经过多少距离。

14. 国王将金币作为工资发放给忠诚的骑士。第 1 天,骑士收到 1 枚金币,之后两天每天收到 2 枚金币,之后 3 天每天收到 3 枚金币……这种工资发放模式一直延续。对于给定天数,计算一名骑士获得的金币数量。

15. 给定正整数 a,b 和 c,求不定方程 $ax+by=c$ 关于未知数 x 和 y 的所有非负整数解。

16. 编写程序计算序列 1!+2!+3!+⋯的前 N 项之和。

输入格式:在一行中给出一个不超过 12 的正整数 N。

输出格式:在一行中输出整数结果。

输入样例:5

输出样例:153

17. 统计给定整数 M 和 N 区间内素数的个数并对它们求和。

输入格式:在一行中给出两个正整数 M 和 N($1 \leqslant M \leqslant N \leqslant 500$)。

输出格式:在一行中顺序输出 M 和 N 区间内素数的个数以及它们的和,数字间以空格分隔。

输入样例:10 31

输出样例:7 143

18. 一只猴子第一天摘下若干个桃子,当即吃了一半,还不过瘾,又多吃了一个;第二天早上将剩下的桃子吃掉一半,又多吃了一个。以后每天早上都吃了前一天剩下的一半加一个。到第 N 天早上想再吃时,只剩下一个桃子了。编写程序计算猴子第一天共摘了多少个桃子。

输入格式:在一行中给出正整数 N($1 < N \leqslant 10$)。

输出格式:在一行中输出第一天共摘了多少个桃子。

输入样例:3

输出样例:10

19. 对任意给定的正整数 N,编写程序求方程 $X^2+Y^2=N$ 的全部正整数解。

输入格式:在一行中给出正整数 N($\leqslant 10\ 000$)。

输出格式:输出方程的全部正整数解,其中 $X \leqslant Y$。每组解占 1 行,两数字间以空格分隔,按 X 的递增顺序输出。如果没有解则输出 No Solution。

输入样例：884

输出样例：

10 28

20 22

20. 人民币 1 元 5 角钱兑换成 5 分、2 分和 1 分的硬币（每种都要有）共 100 枚，会有很多种兑换方案。编写程序给出各种兑换方案。

输入格式：输入为一个正整数 n，表示要求输出前 n 种可能的方案。方案的顺序按 5 分硬币从少到多排列。

输出格式：显示前 n 种方案中 5 分、2 分、1 分硬币各多少枚。每行显示一种方案，数字之间空格，最后一个数字后没有空格。

注意：如果全部方案不到 n 种，则顺序输出全部可能的方案。

第八章

分而治之 各个击破
——函数

软件需求分析、软件设计、软件编码、软件测试与维护组成软件的生命周期。其中,软件设计扮演着极其重要的角色,健壮、可扩展、易维护的程序必然具有良好的设计。

在软件开发中,软件工程师的重要设计目标之一是实现代码重用,通过重复使用代码来避免编写新的代码,降低成本,以增强代码的可靠性并提高维护的一致性。理想情况下,一个新项目是这样创建的:将已有的可重新利用的组件进行组合,将新的开发难度降至最低。

C语言中利用函数的设计来实现代码重用。函数就是C语言的模块,是一块一块的小单元,有较强的独立性,可以相互调用。换句话说,C语言中一个函数可以调用多个函数,即大函数调用小函数,小函数又调用"小小"函数,这就是结构化程序设计,所以面向过程的语言又叫结构化语言。函数是一系列C语句的集合,能完成某个特定的功能,需要该功能时直接调用该函数即可,不用每次都"堆叠"代码。需要修改该功能时,也只需要修改和维护这一个函数即可。有了函数,可不再需要重复地编写同样的代码,从而可解决大量同类型问题,避免重复性操作。函数有利于程序的模块化,是面向过程的思想。面向过程语言最基本的单位不是语句,而是函数。

将一个大程序或一个复杂的程序分解成若干个函数,可以极大降低程序的复杂度,便于软件的维护。哪个函数有问题,就找到具体的函数进行修改,而不会对其他函数造成影响。同时,通过函数的设计,整个程序的逻辑也更加清楚。

C语言有两种可能的运行环境,即独立环境和宿主环境。在独立环境中,C程序的运行没有操作系统的支持,只具有最小部分的标准库能力。在宿主环境中,C程序会在操作系统的控制和支持下运行,可得到完整的标准库能力。除非是在嵌入式系统上进行C程序开发,否则程序一般都运行在宿主环境中。在宿主环境中编译的C程序必须定义一个名为main的函数,这是程序开始时调用的第一个函数。本书中出现的int main( )函数没有参数,返回值为int类型,表示该程序在操作系统控制下调用main方法,并将最终的执行状态以整数的方式返回给操作系统。

前面各章中,程序只有一个主函数main( ),而在实际编程中,程序往往是由多个函数组成的。C语言提供极为丰富的库函数,同时允许用户定义函数。用户可以将算法编成一个相对独立的函数模块,通过调用来使用函数。基于前面学习的语句,通过函数,能够组合语句而形成"段落",由"段落"构成"文章",即构成程序。

第一节　系统函数

C 标准库提供大量的程序可调用的内置函数。C 标准库是一组 C 内置函数、常量和头文件，如 <stdio.h>，<stdlib.h>，<math.h> 等。这个标准库可以作为 C 程序员的参考手册。常用系统函数见表 8-1。

函数基础

函数应用

表 8-1　常用系统函数

头文件	作用	常用函数
<math.h>	数学函数	double sqrt(double x)　返回 x 的平方根
		double pow(double x, double y)　返回 x 的 y 次幂
		double ceil(double x)　返回大于或等于 x 的最小整数
		double fabs(double x)　返回 x 的绝对值
		double floor(double x)　返回小于或等于 x 的最大整数
<stdio.h>	输入和输出函数	int printf(const char *format, ...)
		int scanf(const char *format, ...)
<stdlib.h>	宏以及各种通用工具函数	NULL 宏是一个空指针常量的值
		void exit(int status)　使程序正常终止
		int system(const char *string)　由 string 指定的命令传给要被命令处理器执行的主机环境
		int rand(void)　返回一个范围在 0 到 RAND_MAX 之间的伪随机数
<string.h>	操作字符数组函数	char *strcat(char *dest, const char *src)
		int strcmp(const char *str1, const char *str2)
		char *strcpy(char *dest, const char *src)
		size_t strlen(const char *str)

在使用系统函数时，应根据所使用的函数通过 include 指令引入头文件，按照系统函数的参数要求调用。

示例 8-1

```
#include <stdio.h>    // 使用输出函数
#include <math.h>     // 使用开平方函数

int main ()
{
    printf("%lf 的平方根是 %lf\n", 4.0, sqrt(4.0) );    // 输出函数及开平方函数的调用
    printf("%lf 的平方根是 %lf\n", 5.0, sqrt(5.0) );
```

```
        return(0);
}
```

printf 是 stdio 库中的函数,通过"#include <stdio.h>"加载到当前程序中,当前程序才可使用该函数。sqrt 是在 math 库中定义的,使用前也需要使用"#include <math.h>"指令进行加载。

第二节　自定义函数

实际软件开发中,用户的业务千变万化,系统函数只提供通用函数,不能完全满足实际需要,为解决代码重用问题,需要自定义函数。

C 语言中函数定义的一般形式如下:

```
return_type function_name(parameter list)   // 函数头
{
    body of the function   // 函数主体
}
```

C 语言中,函数由一个函数头和一个函数主体组成。函数头指定了函数的名称、返回值的类型以及参数的类型和名称(如果有参数)。函数体中的语句明确该函数要实现的功能。函数的组成部分如下:

(1)返回类型。一个函数可以返回一个值。return_type 是函数返回的值的数据类型。有些函数执行所需的操作而不返回值,在这种情况下,return_type 是关键字 void。如有返回值,需要 int,float,double,char 等类型。

(2)函数名称。这是函数的实际名称。函数名称和参数列表一起构成函数签名。函数名按照命名规范进行选取,体现可读性。

(3)参数。参数就像占位符。当函数被调用时,向参数传递一个值,这个值被称为实际参数。参数列表包括函数参数的类型、顺序、数量。参数是可选的,也就是说,函数可能不包含参数,这由程序的需求决定。参数之间用逗号分隔,参数的作用是实现主调函数与被调用函数之间的关系。

(4)函数主体。函数主体包含一组定义函数执行任务的语句。函数主体要用大括号包括起来。

每个函数都只能被定义一次,但一个函数可根据需要被多次声明和调用。定义时不能嵌套定义。

示例 8-2

```
int max(int num1, int num2)
{
    /* 局部变量声明 */
    int result;
```

```
    // 获得较大的数
    if(num1 > num2)
    {
        result = num1;
    }
    else
    {
        result = num2;
    }

    return result;    // 返回结果到调用该函数的位置
}
```

上述函数返回两个数中较大的那个数。该函数的函数名是 max，函数有 num1 和 num2 两个参数，参数类型是 int，返回类型是整型。函数可看成一个复杂的运算表达式，运算会得到一个结果，这个结果就是返回值。该函数会返回两个数中较大的那个数。

由函数的一般形式演变，函数表现为为无参函数、有参函数和空函数。

无参函数是没有参数传递的函数。无参函数一般不需要带回返回值，其形式为：

```
void function_name()    // 函数头
{
    body of the function    // 函数主体
}
```

有参函数是有参数传递的函数。有参函数一般需要带回函数值，如：

```
int max(int num1, int num2)
```

空函数是什么都不做的函数。空函数只是占一个位置。

```
void function_name()    // 函数头
{
}
```

创建 C 函数时，首先定义函数做什么，然后通过调用函数完成已定义的任务。当程序调用函数时，程序控制权转移给被调用的函数。被调用的函数执行已定义的任务，当函数的返回语句被执行或到达函数的结束括号时，把程序控制权交还给主程序。调用函数时，传递所需参数，如果函数返回一个值，则可以存储返回值。

示例 8-3

```
#include <stdio.h>

/* 函数返回两个数中较大的那个数 */
int max(int num1, int num2)
{
```

```c
    /* 局部变量声明 */
    int result;

    // 获得较大的数
    if(num1 > num2)
    {
        result = num1;
    }
    else
    {
        result = num2;
    }

    return result;    // 返回结果到调用该函数的地方
}

int main()
{
    /* 局部变量定义 */
    int a = 100;
    int b = 200;
    int ret;

    /* 调用函数来获取较大值 */
    ret = max(a, b);

    printf("Max value is: %d\n", ret);
    return 0;
}
```

将 max( ) 函数和 main( ) 函数放在一起,编译源代码。运行最后的可执行文件时,max(a,b) 会求得两数中的较大值,该值会存入 ret 中,运行结果为:Max value is: 200。

第三节 参数的传递

函数要使用参数,在定义时必须声明接受参数值的变量,这些变量称为函数的形式参数。形式参数就像函数内的其他局部变量,在进入函数时被创建,在退出函数时被销毁。

定义有参函数的一般形式为:

函数类型　函数名 (参数类型 1　参数名 1, ……, 参数类型 n　参数名 n)
{
　　声明部分
　　语句部分
}

调用函数时,局部变量需要赋值,形式参数的值由主调函数提供,主调函数传来的值称为实际参数。向函数传递参数的方式有如下两种:

（1）传值调用。该方法将参数的实际值复制给函数的形式参数。这种情况下,修改函数内的形式参数不会影响实际参数。

（2）引用调用。通过指针传递方式,形式参数为指向某个变量地址的指针。对形式参数指向的变量操作时,相当于实际参数对关联的变量进行的操作。

向函数传递参数的传值调用方法,将参数的实际值赋给函数的形式参数,修改函数内的形式参数不会影响实际参数。默认情况下,C 语言使用传值调用方法来传递参数,函数内的代码不会改变调用函数的实际参数的值。

函数 swap() 定义如下:

示例 8-4

```
/* 函数定义 */
void swap(int x, int y)
{
    int temp;

    temp = x;   /* 保存 x 的值 */
    x = y;      /* 把 y 赋值给 x */
    y = temp;   /* 把 temp 赋值给 y */

    return;
}
```

下面通过传递实际参数来调用函数 swap():

示例 8-5

```
#include <stdio.h>

int main()
{
    /* main 中局部变量定义 */
    int a = 100;
    int b = 200;
```

```
    printf("交换前,a 的值：%d\n", a);
    printf("交换前,b 的值：%d\n", b);

    /* 调用函数来交换值 */
    swap(a, b);

    printf("交换后,a 的值：%d\n", a);
    printf("交换后,b 的值：%d\n", b);

    return 0;
}
```

上述程序分两个部分，一个是主函数 main，另一个是自定义函数 swap。swap 函数有两个参数，功能是交换 x 和 y 的值。

定义 swap 函数时，函数名 swap 后面括号中的参数 x 和 y 称为形式参数，简称形参。在主调函数 main 中调用 swap 函数时，swap 函数名后面括号中的参数 a 和 b 称为实际参数，简称实参。实参可以是常量、变量或表达式，但必须要有确定的数值。在调用被调函数时，将实参的值传递给形参。

定义函数时，必须指定形参的类型。实参与形参的个数必须相等，若不相等则有语法错误。此外，实参与形参的类型要相同或赋值兼容，最好相同，这样不容易出错。如不相同则实参按形参的类型转化，再送给形参。

传递数据时，实参与形参是按顺序一一对应的。C 语言中，实参向形参的数据传递是"值传递"、单向传递，只能由实参传给形参，不能由形参传回给实参。执行被调函数时，形参的值发生改变，但不会改变主调函数中实参的值。因此，程序中 swap 中的 x 和 y 实现了交换，主函数中 a 和 b 并未发生交换。

未出现函数调用时，形参并不占用内存中的存储单元。发生函数调用时，函数 swap 中的形参才会被分配内存单元。调用结束后，形参所占的内存单元会被释放。实际上，形参是函数内的局部变量。

定义函数时，第一行"void swap(int x, int y)"称为函数首部。函数首部有两个数据类型，一个是"函数类型"，另一个是"参数类型"。函数名左边的类型叫"函数类型"或"函数的返回值类型"。如不需要返回值，则写明 void。如采用 void，则不能有返回值，否则会出现语法错误。需要注意，不能有返回值不代表不能有 return 语句：swap 函数中用"return;"也是正确的，return 后什么都不加表示没有返回值。不写 return 语句也可以，但需要跳出被调函数时需写"return;"，利用这种方式来强制退出函数。

函数名后面括号中的数据类型是所传递的参数的类型。不希望定义的函数接收数据，或者不想有参数传递进来，可写 void 或什么都不写，表示拒绝接受数据传递。主函数 main 的首部可写为"int main(void)"，即不允许有值传递进来。被调函数的参数类型定义成 void，主调函数在调用它时就不能有实参，否则会有语法错误。函数名后面括号中什么都不写，则默认为 void。

第四节　函数的返回

函数是完成一定功能的功能模块,这个功能往往是计算功能,得到一个计算结果,可近似理解为函数充当计算表达式的功能。将计算结果交给主调函数,计算结果就是函数的返回值。

函数的返回值通过函数中的 return 语句获得。return 语句将被调函数中一个确定的值带回到主调函数中,供主调函数使用。

函数的返回值类型在定义函数时指定。return 语句中,表达式的类型与定义函数时指定的返回值类型一致。如不一致,则以函数定义时的返回值类型为准,对 return 语句中表达式的类型自动进行转换,将转换后的结果返回给主调函数使用。建议保持定义的返回类型和实际的返回值的数据类型一致。

调用函数时,需要从被调函数返回一个值供主调函数使用,返回值类型必须定义成非 void 型。被调函数中必须包含 return 语句,return 后面必须有返回值,否则会有语法错误。

函数有返回值,return 语句后面的括号可不要,比如"return(z);"等价于"return z;"。若不需要返回值,则可不要 return 语句。

一个函数中可有多个 return 语句,但并不是所有的 return 语句都起作用。执行到哪个 return 语句,就是哪个 return 语句起作用,return 语句后的其他语句都将不会执行,执行点已回到主调函数。

被调函数运行结束后才会返回主调函数,系统为被调函数中的局部变量分配的内存空间被释放。既然 return 语句返回的值在被调函数运行一结束就被释放,那么它是怎么返回给主调函数的呢?事实上,在执行 return 语句时,系统内部自动创建一个临时变量,将 return 语句要返回的值赋给该临时变量。当被调函数运行结束后,通过该临时变量将值返回给主调函数。定义函数时,指定的返回值类型实际上指定的是临时变量的类型,这由系统自动完成。这就是为什么当 return 语句中表达式的类型和函数返回值类型不一致时,将 return 的类型转换成函数返回值类型的原因。return 语句实际上是将返回值赋给临时变量,它要以临时变量的类型为准,即以函数返回值定义的类型为准进行转换。

第五节　变量作用域

作用域是程序中定义的变量所存在的区域,超过该区域变量就不能被访问,也称为变量的生命周期。C 语言中有 3 个地方可以声明变量:在函数或块内部的局部变量;在所有函数外部的全局变量;在形式参数的函数参数定义的局部变量。

1. 局部变量

在某个函数或块的内部声明的变量称为局部变量。它们只能被该函数或该代码块内部的语句使用。局部变量在函数外部是不可知的,也就是在函数外部不能直接使用该变量。下面是使用局部变量的示例,变量 a,b 和 c 是 main() 函数的局部变量。

示例 8-6

```c
#include <stdio.h>

int main()
{
   /* 局部变量声明 */
   int a, b;
   int c;

   /* 实际初始化 */
   a = 10;
   b = 20;
   c = a + b;

   printf("value of a = %d, b = %d and c = %d\n", a, b, c);

   return 0;
}
```

2. 块内局部变量

包含在 "{}" 中的语句块,在块的内部声明的变量也称为局部变量。块内局部变量只能被该代码块内部的语句使用。

示例 8-7

```c
#include <stdio.h>
int main()
{
    int a = 1, b = 2;
    {
        int c;
        c = a + b;
    }
    printf("c = %d\n", c);
    return 0;
}
```

上述程序有一个错误,编译结果显示"变量 c 身份不明",也就是系统不认识 c 是什么。变量 a 和 b 在整个 main 函数中都有效,但变量 c 是在复合语句中定义的,只有在复合语句中才能使用。printf 在复合语句外,不能使用在复合语句中定义的变量 c。如将 printf 放到复合语句中,则程序编译成功。

示例 8-8

```c
#include <stdio.h>
int main()
{
    int a = 1, b = 2;
    {
        int c;
        c = a + b;
        printf("c = %d\n", c);
    }
    return 0;
}
```

局部变量的作用范围不是以函数来限定的,而是以大括号"{}"来限定的。在一个大括号中定义的局部变量只能在这个大括号中使用。每个函数体都要用大括号括起来,故"局部变量是定义在'函数'内部的变量,在本'函数'内有效"。

3. 全局变量

全局变量定义在函数外部,通常是在程序的顶部。全局变量在整个程序生命周期内都是有效的,在函数内部都能访问全局变量。全局变量可被任何函数访问,全局变量声明后整个程序都可使用。下面是使用全局变量和局部变量的示例。

示例 8-9

```c
#include <stdio.h>

/* 全局变量声明 */
int g;

int main ()
{
    /* 局部变量声明 */
    int a, b;

    /* 实际初始化 */
    a = 10;
    b = 20;
    g = a + b;// 全局变量 g 的使用

    printf("value of a = %d, b = %d and g = %d\n", a, b, g);
```

```
    return 0;
}
```

程序中，局部变量和全局变量的名称可以相同，但是在函数内，局部变量的值会覆盖全局变量的值，其遵循就近原则。下面是一个示例：

示例 8-10

```
#include <stdio.h>

/* 全局变量 g 声明 */
int g = 20;

int main()
{
  /* 局部变量 g 声明 */
  int g = 10;   // 与全局变量名称相同

  printf("value of g = %d\n",g);   // 就近原则,g 就是局部变量

  return 0;
}
```

上面的程序代码被编译和执行时，会产生下列结果：

$$value\ of\ g = 10$$

这说明使用的是局部变量。

4. 形式参数

形式参数被当作函数内的局部变量，会优先覆盖全局变量。下面是一个示例：

示例 8-11

```
#include <stdio.h>
/* 全局变量 a 声明 */
int a = 20;

int main()
{
  /* 在主函数中的局部变量 a 声明 */
  int a = 10;
  int b = 20;
  int c = 0;
  int sum(int, int);
```

```
        printf ("value of a in main() = %d\n", a);    // 就近访问局部变量 10
        c = sum(a, b);  // 传递 10,20 到 sum 函数中
        printf ("value of c in main() = %d\n", c);    // 显示返回结果 30

        return 0;
}

/* 添加两个整数的函数 */
int sum(int a, int b)// 函数中的局部变量 a,b,接受实参 10,20
{
        printf ("value of a in sum() = %d\n", a);    // 该 a 就是函数中的局部变量 a,即 10
        printf ("value of b in sum() = %d\n", b);    // 显示 20

        return a + b;    // 返回 30
}
```

当上面的程序代码被编译和执行时,会产生下列结果:

value of a in main() = 10
value of a in sum() = 10
value of b in sum() = 20
value of c in main() = 30

5. 初始化局部变量和全局变量

局部变量被定义时系统不会对其初始化,在使用变量前必须对其初始化。参数中的局部变量由实参提供。而定义全局变量时系统会自动对其初始化。不同数据类型的初始化默认值如下:

int	0
char	'\0'
float	0
double	0
pointer(指针)	NULL

第六节　递归函数

小时候常听到这样一个故事:从前有座山,山里有座庙,庙里有个老和尚,正在给小和尚讲故事呢!故事是什么呢?"从前有座山,山里有座庙,庙里有个老和尚,正在给小和尚讲故事呢!故事是什么呢?'从前有座山,山里有座庙,庙里有个老和尚,正在给小和尚讲故事呢!故事是什么

递归函数

呢？……'"。

这就是对递归的形象解释。递归指在函数的定义中使用函数自身的方法。

1. 递归语法结构

递归语法结构为：

```
void recursion()    // 定义函数
{
    statements;
    ……
    recursion();  /* 定义时，函数调用自身 */
    ……
}


int main()
{
    recursion();
}
```

可通过下面的数的阶乘和斐波那契数列的程序来分析函数是如何"自己调用自己的"。

示例 8-12

```c
#include <stdio.h>

double factorial(unsigned int i)
{
    if(i <= 1)
    {
        return 1;
    }
    return i * factorial(i - 1);    // 定义时又在调用自身
}

int  main()
{
     int i = 15;
     printf("%d 的阶乘为 %f\n", i, factorial(i));
     return 0;
}
```

示例 8-13

```c
#include <stdio.h>
```

```
int fibonaci(int i)
{
   if(i == 0)
   {
      return 0;
   }
   if(i == 1)
   {
      return 1;
   }
   return fibonaci(i-1) + fibonaci(i-2);    // 定义时又在调用自身
}

int main()
{
   int i;
   for(i = 0; i < 10; i++)
   {
      printf("%d\t\n", fibonaci(i));
   }
   return 0;
}
```

2. 递归的本质

递归的优点是可使程序设计简化,结构简洁清晰,容易编程,可读性强,容易理解。使用递归是必要的,它往往能将复杂问题分解为更简单的步骤,能反映问题的本质。在数据结构树和图的相关算法中不乏递归的应用。但是,使用递归也是要付出代价的,与直接的语句(如while 循环)相比,递归函数速度慢,运行效率低,对存储空间的占用多。

函数调用通过栈实现,在调用函数时,系统会将被调函数所需的程序空间安排在一个栈中。调用一个函数时,在栈顶分配一个存储区。从一个函数退出时释放其存储区。当前正在运行的函数的存储区在栈顶。栈是先进后出的(或者说后进先出的),当有多个函数嵌套调用时,按照先调用后返回的原则(或者说后调用先返回的原则)进行返回。递归是一种函数调用,函数"自己调用自己",是一种特殊的函数调用,调用自己与调用其他函数一样。

作为函数调用,递归也是用栈实现的,在递归中实现多次函数调用需要占用大量的栈空间。递归函数每次调用自身时,都需要把它的状态存到栈中,以便在调用完自身后,程序可返回到原来的状态。递归函数可对某些问题提供优雅而紧凑的解决方案,但采用简单循环的解决方案常常也是可行的。采用循环的解决方案通常会比采用递归的解决方案执行效率更高。

从递归示例程序可以看出,函数"自己调用自己"必须满足一个条件,即必须知道什么时候结束调用,否则函数会一直不停地调用,造成"死递归"。"死递归"指递归时没有出口,不停地"自己调用自己",直到栈满没有空间为止,内存耗光,计算机死机。

递归的思想是:为解决当前问题 F(n),就需要解决问题 F(n–1),而 F(n–1) 的解决依赖于 F(n–2) 的解决……这样逐层分解,分解成很多相似的小事件,当最小的事件解决完后,就能解决高层次的事件。这种"逐层分解,逐层合并"的方式就构成了递归的思想。

使用递归最主要的是找到递归的出口和递归的方式。由此,递归通常分为递归的方式和递归的终止条件(最小事件的解)两部分。这两个部分是递归的关键。递归的方式就是递归公式,即对问题的分解,同时也是向递归终止条件收敛的规则。递归的终止条件通常就是得出的最小事件的解。递归终止条件的作用是不让递归无限进行下去,最后必须能"停"下来。由此,使用递归必须满足的两个条件是有递归公式和有终止条件。

第七节 函数设计原则

C 语言中,函数是构成 C 程序的基本功能单元,是一个能独立完成某种功能的程序块,其中封装了程序代码和数据,实现了更高级的抽象和数据隐藏。这样编程者只需要关心函数的功能和使用方法,而不必关心函数功能的具体实现细节。一个 C 程序的结构体系由一个主函数(main 函数)与多个函数构成。其中,主函数 main() 可以调用任何函数,各函数之间也可以相互调用,但一般函数不能调用主函数。所有函数都是"平行"的,但可嵌套调用。C 程序的函数结构为软件工程的同步开发创造了条件。

在进行软件结构的设计中,需要注意以下原则:

1. 单一职责

软件工程设计中,为提高软件的可维护性,需要实现软件什么地方有问题就去找有问题的模块,而不影响软件其他的部分。这就需要软件在设计中做到高内聚低耦合。这种指导思想体现在函数设计中就是单一职责,即尽量使函数功能单一,一个函数一个功能。

在程序的函数设计中,遵循的首要设计原则是"函数功能单一"。一个函数应该只完成一项功能,且只能完成自己的任务。函数功能应该越简单越好,尽量避免设计集多用途、面面俱到、多功能于一身的复杂函数。

当然,如果一个概念上简单的函数恰恰包含一个很长的 case 语句,这样就不得不为这些不同的情况准备不同的处理,那么这样的长函数是允许的。但是,如果有一个复杂的函数,且一般程序员在没有详细文档的情况下很难读懂该函数,那么应努力简化该函数的功能与代码,适当拆分该函数的功能,使用一些辅助函数,给它们取描述性的名字。同时,由于人类大脑一般只能同时记住 7 个不同的内容,因此函数局部变量的数量也应尽量减少,一般情况下以 5 ~ 10 个为宜。

单一职责的函数实现不仅简单易读、易维护,且函数也具有更好的可复用性(粒度小,可任意组合)。

2. 避免无关联

在代码编写中,时常会为提高代码的可复用性而刻意将不同函数中使用的相同代码语句提出来,抽象成一个新的函数。当然,如果这些代码的关联度较高且完成同一功能,那么这种抽象是合理的。但是,如果仅仅是为提高代码的可复用性而将没有任何关联的语句放在一起,则会给以后的代码维护、测试及升级等造成很大的不便,同时也会使函数的功能不明确。

3. 编写简单功能函数

有时需要用函数封装仅用一两行代码就可完成的功能。对于这样的函数,单从代码量上看,好像没有封装的必要。但是,用函数可使其功能明确化、具体化,从而增加程序可读性,且方便代码的维护与测试。

4. 避免代码重复

在源文件中,如果存在多段代码重复实现同一功能,那么很可能在函数划分上存在一定的问题。若此段代码各语句之间有实质性关联且是完成同一功能的,那么可考虑将此段代码抽象成一个新的函数。

5. 减少递归调用

递归之所以能实现,是因为函数的每个执行过程都在堆栈中有自己的形参和局部变量的副本,这些副本与函数的其他执行过程毫不相干。递归函数有一个最大的缺陷,即增加系统的开销。每调用一个函数,系统就需要为函数准备堆栈空间来存储参数信息。如频繁进行递归调用,系统需要为其开辟大量的堆栈空间。递归调用特别是函数间的递归调用,会大大影响程序的可理解性,故程序设计中应尽量使用其他算法来替代递归算法。

6. 慎用全局变量

全局变量在程序整个执行过程中都占用存储单元,而局部变量仅在需要时才开辟存储单元。全局变量会降低函数的通用性,因为函数在执行时要依赖那些全局变量。将一个功能编写成函数,往往希望下次遇到同样功能时直接复制过去就能使用,但是如使用全局变量,这个函数与全局变量有联系,就不能直接复制过去,还要考虑这个全局变量的作用。即使将全局变量也复制过去,如该全局变量与其他文件中的变量重名,程序就会出问题。如该全局变量与其他函数有关联,程序也会出问题。因此,全局变量会降低程序的可靠性和通用性。

在程序设计中,划分模块时要求模块的内聚性强而与其他模块的关联性弱,即模块的功能要单一,不要将许多互不相干的功能放到一个模块中,与其他模块间的相互影响要尽量小。使用全局变量则不符合这个原则。一般要求将 C 程序中的函数做成一个封闭体,除可通过"实参 - 形参"的渠道与外界发生联系外,没有其他渠道。这样的程序可移植性好,可读性强,而使用全局变量会使程序各函数之间的关系变得极其复杂。

过多的全局变量会降低程序的清晰性,往往难以清楚地判断出每个时刻各全局变量的值,这是因为每个函数在执行时都有可能改变全局变量的值。这样程序就很容易出错,且逻辑上很乱。因此,应限制全局变量的使用,不是万不得已不要使用全局变量。

7. 参数的定义

初学者在定义函数时,往往不知道函数参数该怎么确定。函数是实现一定功能的模块,要完成该功能,就需要一些必要条件。没有满足这些条件,这个函数就实现不了这些功能。应告诉调用者,要让"我"干这个事情,"你"必须给"我"这些材料,这些需要的材料就是参数,并根据材料的类型决定参数的类型。有时函数什么都不需要也能完成一定的功能,这时的参数是空的,即无参函数。

第八节 函数应用实例

1. 编写一个程序,实现对分数进行约分。

● 计算思维

(1)问题抽象:对分数进行约分实际上是求解最大公约数,找能同时被 m 和 n 整除的最大数。(参考第七章)

(2)算法模型:m%x=0,n%x=0,即满足条件的最大值。

(3)算法实现流程:首先找到两个数中较小的数作为除数,然后用 m 和 n 除以除数,如果不能整除,除数减 1,继续用 m 和 n 除以改变后的除数。如此重复,直到满足条件或者除数变为 1 为止。

● 工程思维

(1)按照模块化的思想,一个功能一个函数,设计一个求最大公约数的函数,实现功能级代码重用,如图 8-1 所示。

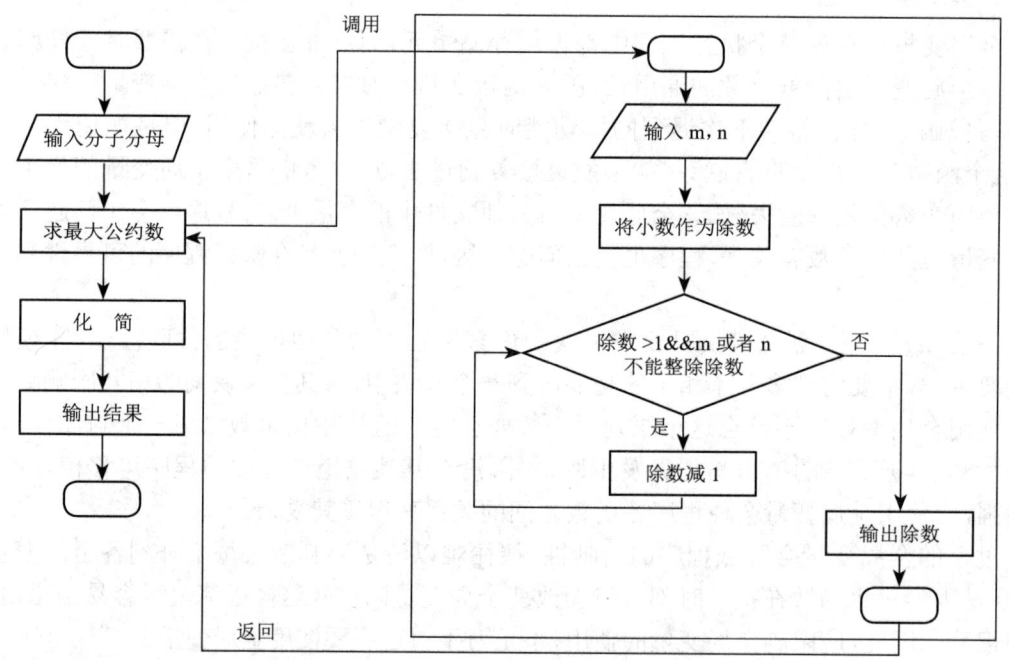

图 8-1 约分程序流程图

(2)程序书写遵循使用空行、注释、缩进、命名等规范。

(3)交互使用 printf 语句,体现良好的人机对话。

要求两个数的最大公约数,需要输入两个参数;而函数的目的是获得一个最大公约数,也就是它的计算结果,所以该函数需要提供一个整数返回值。因此,将该函数设计为 int getGCD(int m, int n)。

示例 8-14

```c
#include <stdio.h>
int getGCD(int m ,int n)    //greatest common divisor 最大公约数
{
    int gcd;    // 最大公约数,局部变量

    if(m>n)
    {
            gcd=n;    // 小值可能为最大公约数,假定它是最大公约数
    }
    else
    {
            gcd=m;    // 小值可能为最大公约数,假定它是最大公约数
    }

    while(gcd>1 && (m%gcd!=0 || n%gcd!=0))    // 不能整除说明不是公约数
    {
            gcd--;
    }

    return gcd;    // 返回最大公约数
}

void main()
{
    int m,n;    // 局部变量
    int gcd;    // 最大公约数,局部变量

    printf("input m,n:\n");
    scanf("%d%d",&m,&n);

    gcd =getGCD(m,n);    // 调用函数获得最大公约数

    printf("%d/%d=%d/%d",m,n,m/gcd,n/gcd);
}
```

函数 getGCD(m, n) 调用时的传值过程如图 8-2 所示。

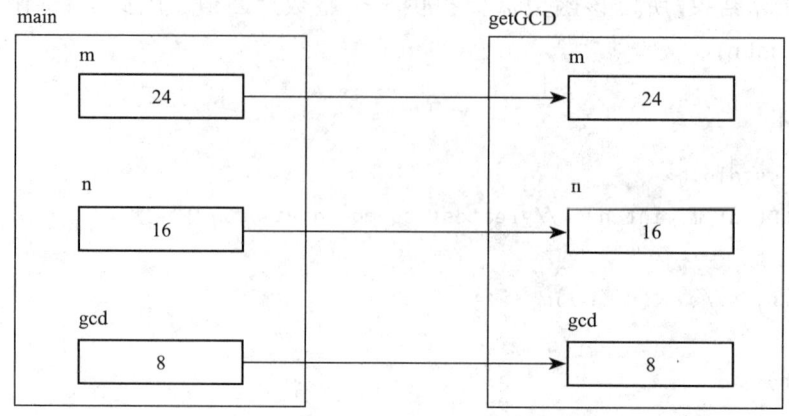

图 8-2　参数传递图

主函数 main 将输入的值 24 和 16 存入局部变量 m 和 n 中,并作为实参,通过子函数 getGCD(m,n) 传递给子函数中的形参 m 和 n,即子函数中两个与主函数同名的局部变量,实现赋值操作,值变成 24 和 16。经过算法计算,子函数中的局部变量 gcd 的值为 8,并通过 return 返回主调函数 main,主调函数 main 中的局部变量 gcd 的值也变为 8。最后,程序利用最大公约数完成化简。

注意: 局部变量虽同名,但在不同的函数中是不同的内存、不同的变量。与第七章中的例子相比,通过函数将一个复杂程序分解为多个函数,可降低程序的复杂度,理解上也更加容易。将求最大公约数功能设计为函数,可多次反复调用,实现代码重用。

2. 计算组合数 C_n^m 的值 ($n \leq m \leq 10$)。

● **计算思维**

(1)根据问题域,$C_n^m=m!/((m-n)!n!)$,实际上是计算 m 的阶乘、n 的阶乘以及 $(m-n)$ 的阶乘(参考第七章求解阶乘例子)。求 n 的阶乘的计算过程可描述为 $n!=1\times2\times3\times\cdots\times n$,其程序过程相当于:

```
s=1;
s= s*1;
s=s*2;
s= s*3;
……
s= s*n;
```

(2)算法模型:观察规律,可形成通式计算模型 s=s*i。

(3)算法流程如图 8-3 所示。

● **工程思维**

(1)计算阶乘功能多次使用,代码重复,为解决代码重用可使用函数。

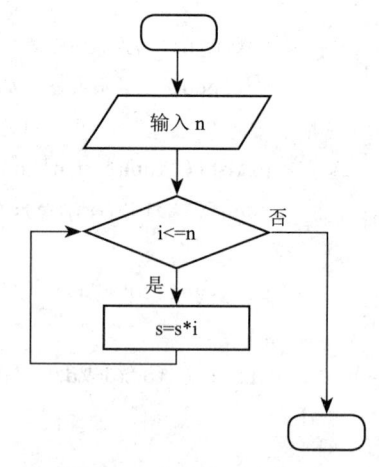

图 8-3　阶乘算法流程图

(2)程序书写遵循空行、注释、缩进、命名等规范。
(3)交互使用 printf 语句,体现良好的人机对话。

函数是求某个数的阶乘,需要输入一个整数才能计算,所以需要一个参数;函数的目的是实现阶乘,所以返回一个整型值。因此,函数可设计为 long fac(int n)。其中,返回值为长整型,只是表示可计算的数可以更大。

示例 8-15

```
#include <stdio.h>

long fac(int n)
{
    long facResult = 1;
    int i;

    for(i=1;i<=n;i++)
    {
        facResult = facResult*i;
    }

    return facResult;
}

void main()
{
    long comValue;
    int m, n;

    printf("input m and n:");
    scanf("%d%d", &m, &n);

    comValue = fac(m)/(fac(n)*fac(m-n));

    printf("%d and %d comvalue is %ld", m, n, comValue);
}
```

注意:本章学习了递归思想,该计算模型也可描述为:

$n!=n\times(n-1)!$;
$(n-1)!=(n-1)\times(n-2)!$
……
$2!=2\times 1!$

1!=1

请思考此时该函数该如何实现？

3. 根据反正切函数公式 arctan $x = x - x^3/3 + x^5/5 - x^7/7 + \cdots$ 和 $\pi = 6\arctan(1/\sqrt{3})$，求当最后一项绝对值小于 10^{-6} 时 π 的值。

● 计算思维

（1）根据问题域抽象如下：

项　数	1	2	3	4	…
分子的幂次	1	1+2=3	3+2=5	5+2=7	…
分　母	1	1+2=3	3+2=5	5+2=7	…
符　号	+	−	+	−	

（2）求和过程的算法模型为：

sign=1;（初始化）

sum=sum+(−1 * sign * $\dfrac{x^{i+2}}{i+2}$);（重复执行）

i=i+2;（重复执行）

（3）算法流程如图 8-4 所示。

● 工程思维

（1）arctan x 体现数学函数，映射成计算机函数求解。

（2）函数是求某个小数的反正切函数值，所以需要一个浮点参数；函数的目的是获得反正切函数值，所以返回一个浮点值。因此，函数可设计为 double arctanx(double x)。

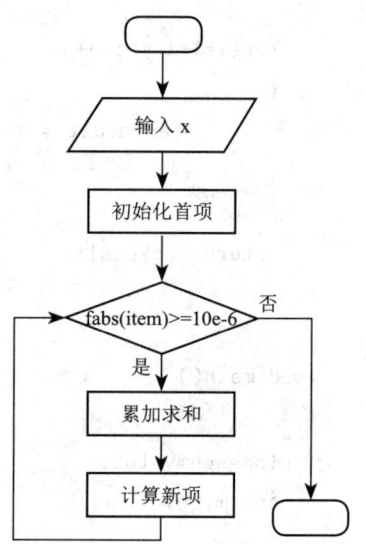

图 8-4　算法流程图

示例 8-16

```
#include <math.h>
#include <stdio.h>
double arctanx(double x)
{
    double arctanx=0;    // 函数值
    double coefficient=1;    // 系数,初始化第一项时的系数
    int i=1;    // 分母,初始化代表第一项时的分母
    int sign=1;    // 符号,初始化第一项时的符合为正号
    double item=x;    // 项值,初始化时代表第一项的值

    while(fabs(item)>=1e-6)    // 项值绝对值大于 10^-6
    {
```

```
        arctanx = arctanx + item;   // 累加

        // 求下一项
        i=i+2;    // 改变分母
        sign=-sign;  // 符号变反
        coefficient=sign*1.0/i;   // 改变系数
        item=coefficient*pow(x,i);    // 改变项
    }

    return arctanx;
}

int main()
{
    double x=1.0/sqrt(3.0);
    double pi;

    pi=6*arctanx(x);

    printf("π=%.5f",pi);
}
```

4. 用递归求 x^n。

● 计算思维

(1) 抽象求解过程：
$x^n = xx^{n-1}$
$x^{n-1} = xx^{n-2}$
……
$x^2 = xx^1$
$x^1 = xx^0$

求解时，要求 x 的 n 次方（即 x 的 n 次幂），只需求出 $n-1$ 次方，而求 $n-1$ 次方，只需求出 $n-2$ 次方。如此类推，到求 1 次方时，已不需要计算，就是它本身。这体现了递归思想，故采用递归的计算思维方式。

(2) 算法流程如图 8-5 所示。

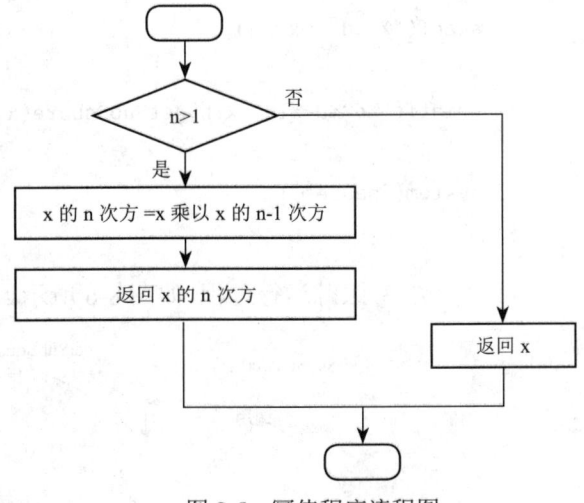

图 8-5 幂值程序流程图

● 工程思维

(1) 求幂是一个功能模块，可多次使用，采用函数实现代码重用。

（2）函数是求某个数的 n 次方，需要输入两个整数才能实现其功能，所以需要两个整型参数；该函数的目的是获得幂，所以应该返回一个整型值。因此，该函数可设计为 long int getSubSquare(int x,int n)。

示例 8-17

```c
#include <stdio.h>
#include <stdlib.h>
long int getSubSquare(int x,int n)
{
    if(n==1)   // 出口条件
    {
            return x;
    }
    else
    {
            return x*getSubSquare(x,n-1);   // 递推公式
    }
}

int main()
{
    int x;
    int n;

    printf("input x,n:");
    scanf("%d%d",&x,&n);

    printf("%d^%d=%ld",x,n,getSubSquare(x,n));

    system("pause");
}
```

可代入实参，跟踪运行过程，如图 8-6 所示。

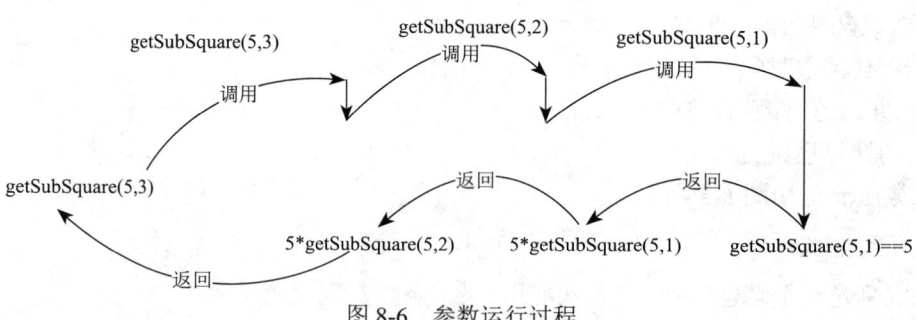

图 8-6　参数运行过程

如输入"5 3",表示求 5 的 3 次方,程序执行流程为:第一次调用函数,在函数内执行语句"x*getSubSquare(x,n-1);"及执行 getSubSquare(5,2);第二次调用函数,在函数内继续执行语句"x*getSubSquare(x,n-1);"及执行 getSubSquare(5,1);第三次调用函数,在函数内执行时满足"1==1",则函数返回 5;回到第二次调用的地方执行"5*5",结果为 25;继续返回到第一次调用的语句"5*25",结果为 125;然后,函数返回最终的计算结果。

第九节　学生信息管理系统中函数的应用

在第七章的循环控制实现中,学生信息管理系统只展现了一部分功能,且函数 main 中包含了大量的代码,给阅读程序、维护程序带来了大量的问题。问题分析如下:

（1）所有功能都在函数 main 中完成,在没有实现具体业务前,代码接近 100 行,且代码量将随着业务的具体完善而大量增长,不利于以后的功能维护。

用函数重构学生信息管理系统

学生信息管理系统的结构化分析与设计

（2）所有功能都在函数 main 中完成,功能耦合在一起,违背了高内聚低耦合设计原则。
（3）该系统由小组共同完成,无法实现分工和代码合并,开发效率低下。
（4）代码量大,可读性变差,不利于交流和维护。
（5）存在代码重复编写的可能,无法保证维护的一致性问题。

项目的整体框架设计是开发的重要环节,整体框架设计的优点在于为项目搭建一个骨架,该骨架包含项目的各种功能模块,后续工作围绕如何完成这些功能模块开展。结构化程序设计是以模块化设计为中心,逐层分解,将待开发的软件系统划分为若干相互独立的模块,由这些独立的模块完成不同的功能,再将这些模块通过一定的方法组织起来,构成一个整体。

1. 系统顶层分析设计

按照结构化的自顶向下的设计策略,完成学生信息管理系统的顶层流程设计。该流程图反映了整个软件的运行流程,如图 8-7 所示。

进行模块化设计时,基于单一职责的模块化设计策略,将学生信息管理系统问题按照流程分解成若干子问题,逐一解决。基于分治的模块化编程思想,将欢迎菜单的功能设计为 welcome_menu 函数,将主菜单的显示功能设计为 main_menu( ) 函数,将子菜单业务控制设计为 main_menu_choose 函数,完成顶层设计。

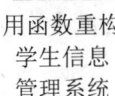

图 8-7　系统顶层业务流程图

2. 逐层分解设计

子菜单业务操作过程中涉及多种情况,业务复杂,需要进一步分解。采用结构化设计中的逐层分解策略,以此降低业务的复杂度,并便于开发和维护。

基于单一职责原则，退出系统设计为 quit 函数，添加学生设计为 addStudent 函数，学生排序设计为 sortStudent 函数，学生查询设计为 queryStudent 函数，学生分类查询设计为 queryStudentClassification 函数，删除学生设计为 deleteStudent 函数，修改学生设计为 updateStudentInfo 函数，提示信息设计为 showMessage 函数。

子菜单业务流程如图 8-8 所示。

3. 分层结构设计

将学生信息管理系统分成 3 层，即用于系统与用户交互的 UI 层、做业务调度控制的控制层、处理具体业务的业务逻辑层。UI 层将数据传递给控制层，控制层再调度业务逻辑层进行执行。

根据函数的功能特性，将 void welcome_menu() 和 void main_menu() 函数设计在 UI 层的 sys_menu.h 接口文件中，将 void main_menu_choose(int menu_number) 函数设计在控制层的 StudentAction.h 接口文件中，将 void showMessage() 等函数设计在 StudentBLL.h 接口文件中。

设计时遵循设计与实现分离的策略，在源文件中对接口文件分别进行实现。分层结构设计如图 8-9 所示，接口文件设计如图 8-10 所示。

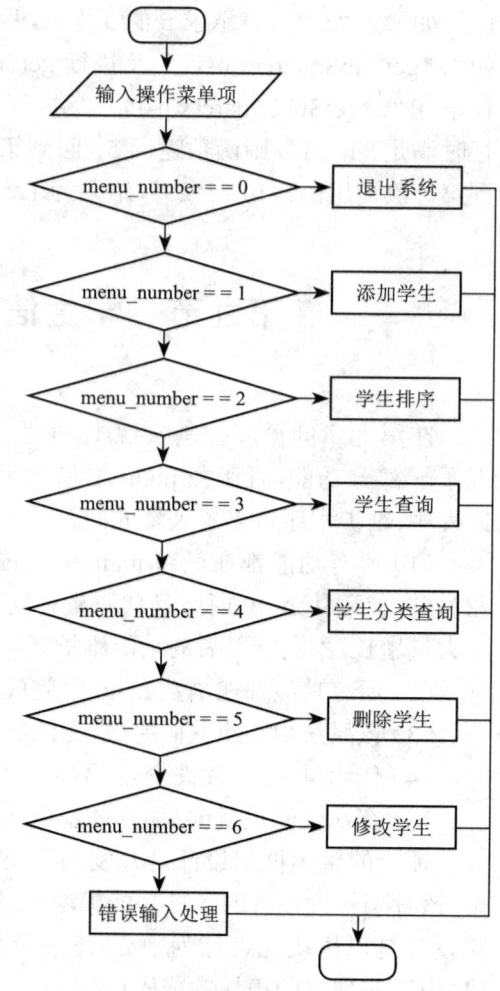

图 8-8　子菜单业务流程图

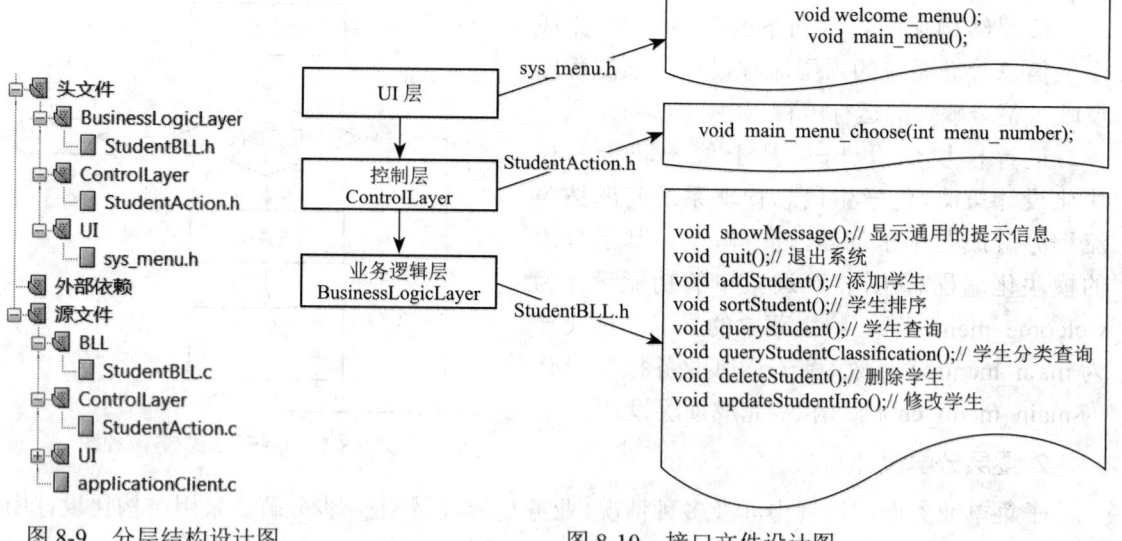

图 8-9　分层结构设计图　　　　图 8-10　接口文件设计图

采用模块化进行设计后，目录文件结构虽变得复杂，但通过模块化设计和分层设计，系统变得简单明了，单一职责使得函数更加简单，更便于阅读和维护，也方便将来代码的重用。模块化设计结果如图 8-11 所示。

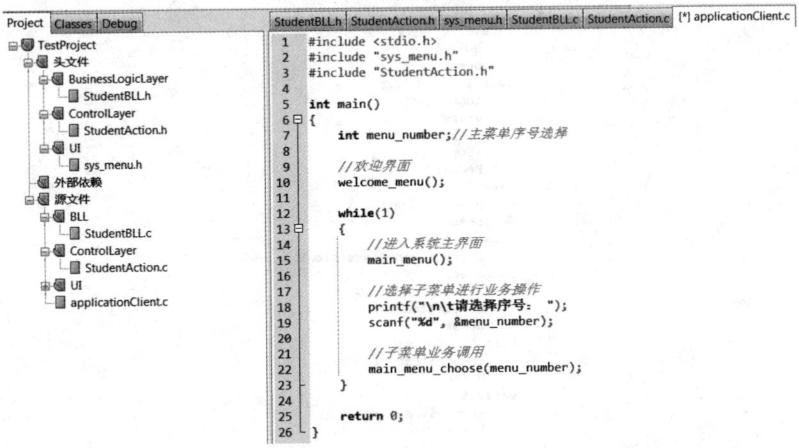

图 8-11 模块化设计结果图

4. 核心代码

部分核心代码如下：

（1）sys_menu.c。UI 层函数实现如图 8-12 所示。

```
void welcome_menu()
{
    system("cls");
    printf("\n\n\n");
    printf("\t*************************************************************************\n\n");
    printf("\t              * 帅哥美女们,欢迎使用学生信息管理系统 *\n\n");
    printf("\t* ▁▂▅▆▇ █ SWPU程序设计课程组肖斌为您服务█ ▇▆▅▂▁ *\n\n");

    printf("\t              *       *             *        *\n") ;
    printf("\t           *    *    *    *      *    *    *    *\n");
    printf("\t         *        *        *    *        *        *              *\n");
    printf("\t        *                   *  *                   *             **\n");
    printf("\t*************************************************************************\n") ;
    printf("\t         *                  *    *                  *            **\n");
    printf("\t           *              *        *              *              *\n");
    printf("\t              *        *              *        * \n");
    printf("\t                 * *                      * * \n");
    printf("\t                    \n");
    printf("\t                                      ------程序设计基础课程组");

    printf("\n\n\n\t");
    system("pause");
}

void main_menu()
{
    system("cls");
    printf("\t\t|* * * * * 学生信息管理系统 * * * * * |\n");
    printf("\t\t|......................................|\n");
    printf("\t\t| 请选择操作菜单序号 (0-6)  |\n");
    printf("\t\t|......................................|\n");
    printf("\t\t| 1----学生信息录入 |\n");
    printf("\t\t| 2----学生信息排序 |\n");
    printf("\t\t| 3----学生信息查询 |\n");
    printf("\t\t| 4----学生分类查询 |\n");
    printf("\t\t| 5----学生信息删除 |\n");
    printf("\t\t| 6----学生信息修改 |\n");
    printf("\t\t| 0---- 退 出 |\n");
    printf("\t\t|......................................|\n");
    printf("\t\t|* * * * * * * * * * * * * * * * * * * *|\n");
}
```

图 8-12 UI 层函数实现图

（2）StudentAction.c。控制层函数实现如图 8-13 所示。

```c
void main_menu_choose(int menu_number)
{
    //选择 菜单项进入下一级菜单操作
    system("cls");
    switch (menu_number)
    {
        case 0://退出系统
            quit();
            break;
        case 1://学生信息录入
            addstudent();
            break;
        case 2://学生信息排序
            sortStudent();
            break;
        case 3://学生信息查询
            queryStudent();
            break;
        case 4://分类查询
            queryStudentClassification();
            break;
        case 5://学生信息删除
            deleteStudent();
            break;
        case 6://学生信息修改
            updateStudentInfo();
            break;
        default:
            showMessage();
            break;
    }
    system("pause");
}
```

图 8-13 控制层函数实现图

（3）StudentBLL.c。业务层函数实现如图 8-14 所示。

通过函数模块化设计,结合分层设计,搭建学生信息管理系统的整个框架。具体业务实现算法将在后文继续介绍,这里通过输出函数进行模拟。

```c
void showMessage()
{
    printf("\n\n\t输入错误......");
    printf("操作完毕,返回主菜单继续......");
}
void quit()
{
    printf("退出系统......\n");
    printf("操作完毕,返回主菜单继续......");
}
void addstudent()
{
    printf("添加学生......\n");
    printf("操作完毕,返回主菜单继续......");
}
void sortStudent()
{
    printf("学生排序......\n");
    printf("操作完毕,返回主菜单继续......");
}
void queryStudent()
{
    printf("学生查询......\n");
    printf("操作完毕,返回主菜单继续......");
}
void deleteStudent()
{
    printf("删除学生......\n");
    printf("操作完毕,返回主菜单继续......");
}
void queryStudentClassification()
{
    printf("学生分类查询......\n");
    printf("操作完毕,返回主菜单继续......");
}
void updateStudentInfo()
{
    printf("修改学生......\n");
    printf("操作完毕,返回主菜单继续......");
}
```

图 8-14 业务层函数实现图

本章小结

函数是模块化编程的重要实现形式,通过函数的学习,学习者应建立起利用函数进行开发的工程思想,提高软件的可读性,降低软件的复杂度。

在函数使用中,应掌握函数实参和形参的关系,掌握何时需要返回值以及返回值在使用中有何要求。

练 习 题

一、程序阅读题

1. 根据对变量的理解,分析以下程序的执行结果。

```c
#include <stdio.h>

int sum;

void fun1()
{
    sum=sum+20;
}

int a;

void fun2()
{
    a=20;
    sum=sum+a;
}

void main()
{
    sum=0;
    fun1();
    a=8;
    fun2();
    printf("sum=%d a=%d",sum,a);
}
```

2. 根据对变量的理解,分析以下程序的执行结果。

```c
int a=3,b=5;

int max(int a,int b)
{
    int c;
    if(a>b)
          c=a;
    else
          c=b;

    return c;
}

void main()
{
    int a=8;
    printf("a=%d\n",a);
    printf("b=%d\n",b);

    printf("max=%d\n",max(a,b));
}
```

二、编程题(定义函数并完成编程)

1. 两个质数的和为 S,求它们的最大积。

2. 用递归求 n 的阶乘 $n!$。$n!$ 也可以写成 $n\times(n-1)!$,这就是递归公式。

3. 用递归实现 $1+2+3+\cdots+100$ 的和。求和的递归公式与求阶乘的递归公式很相似。

4. 用递归求斐波那契数列。斐波那契数列是数列中每个数值都是其前两个数值之和,即 0 1 1 2 3 5 8 13 21 34 55 89 144 233 377 610 987 1597 2584 4181 6765 10946 17711 28657 46368……

5. 设计合理的方法求正整数 2 和 100 之间的完全数。完全数是因子(不含自身)之和等于其本身的自然数,如完全数 6 的因子包含 1,2,3,且 1+2+3=6。

6. 如果一个自然数是素数,且它的数字位置经过对换后也为素数,则称为绝对素数。如 13,对换后为 31,两者均为素数,所以 13 和 31 均为绝对素数。设计合理的方法求 2 位数中的所有绝对素数。

7. 自然数 a 的因子指能被 a 整除的所有自然数,但不含其本身。若自然数 a 的因子之和为 b,而 b 的因子之和又等于 a,则称 a 和 b 为一对亲和数。求最小的一对亲和数。

8. 歌德巴赫猜想的命题之一是大于 6 的偶数等于两个素数之和。编程实现将 6～100 范围内的所有偶数表示成两个素数之和。

9. 如果一个数从左边读和从右边读都是一个数,则称为回文数,如 121。设计合理的方法判断一个数是否是回文数。

10. 水仙花数指一个 N 位正整数($N \geqslant 3$),其每个位上的数字的 N 次幂之和等于其本身,如 $153=1^3+5^3+3^3$。编写两个函数,一个判断给定整数是否是水仙花数,另一个按从小到大的顺序输出给定区间 (m, n) 内所有的水仙花数。函数接口定义为 int narcissistic(int number) 和 void PrintN(int m, int n)。

11. 编写函数实现将正整数 n 转换为二进制后输出。函数接口定义为 void dectobin(int n),函数 dectobin 应在一行中输出二进制的 n。建议用递归实现。

第九章

物以类聚
——数组

有这样一个需求：输入 50 名学生某门课程的成绩，输出低于平均分的学生成绩。可通过定义一个变量来累加读入 50 个成绩并求出学生的总分和平均分，但只有读入最后一名学生的分数后才能求得平均分。要输出低于平均分的学生序号和成绩，应将 50 名学生的成绩都保留起来，逐个与平均分进行比较，并将低于平均分的成绩输出。

```c
void main()
{
    int score1,score2,score3,…,score50;
    int sum=0;
    float avgScore=0;

    scanf("%d%d%d…%d",&score1,&score2,&score3,…,&score50);
    sum=score1+score2+…+score50;

    avgScore=sum/50.0;

    if(avgScore>score1)
    {
        printf("%d\n",score1);
    }
    if(avgScore>score2)
    {
        printf("%d\n",score2);
    }
    ……
    if(avgScore>score50)
    {
        printf("%d\n",score50);
    }
}
```

上述代码中,变量的数量非常多,程序非常繁琐,重复操作亦多。如果数量不是50而是500或者更大,程序将变得异常臃肿,难以维护。C语言中,为存储这种类型相同且数量较多的数据,采用一种称为数组的数据类型。

数组是一种存储数据的策略,即一种数据结构,可以存储一个固定大小的相同类型元素的顺序集合。数组用来存储一系列数据,变量用来存储数据,所以数组是一系列相同类型的变量集合。数组中通过利用下标将数据的重复操作转换为循环处理,从而使代码量大大减少。

示例 9-1

```c
#include <stdio.h>

void main()
{
    int score[50];
    int sum=0;
    float avgScore=0;
    int i=0;

    for(i=0;i<50;i++)
    {
        scanf("%d",&score[i]);
        sum=sum+score[i];
    }

    avgScore=sum/50.0;

    for(i=0;i<50;i++)
    {
        if(score[i]<avgScore)
        {
            printf("%d\n",score[i]);
        }
    }
}
```

数组中存储的数必须满足数据类型相同和在内存中连续存储两个条件。可见,数组是内存中连续存储的具有相同类型的一组数据的集合。

第一节 一维数组

一维数组

1. 声明数组

在程序中声明一个数组需要指定元素的类型和元素的数量：

$$\text{type arrayName [arraySize];}$$

一维数组 arraySize 必须是大于 0 的整数常量，type 可以是任意有效的 C 语言数据类型。例如，要声明一个类型为 double 的包含 10 个元素的数组 balance，声明语句如下：

$$\text{double balance[10];}$$

上述 balance 是一个可用的数组，可容纳 10 个类型为 double 的数字。数组名 balance 除表示该数组外，还表示该数组的首地址，即第一个元素在内存中的地址，它是一个常量。数组定义后，第一个元素的位置就固定了。此时数组 balance 中有 10 个元素，每个元素都是 double 型变量。double 型变量如占 8 字节的内存空间，则 10 个 double 型变量就占 80 字节的内存空间，它们在内存中的地址是连续分配的。

可以通过 sizeof 运算符计算数组的长度。首先用 sizeof 获得整个数组在内存中所占的字节数。由于数组中每个元素的类型一样，在内存中所占的字节数相同，所以总的字节数除以一个元素所占的字节数就是数组的长度，即 sizeof(balance)/sizeof(balance[0])。

数组内存分配如图 9-1 所示。假设元素 balance[0] 的地址是 10000，则元素 balance[1] 的地址是 10000+1×8=10008，元素 balance[2] 的地址是 10000+2×8=100016。以此类推，元素 balance[9] 的地址是 10000+10×8=10080。

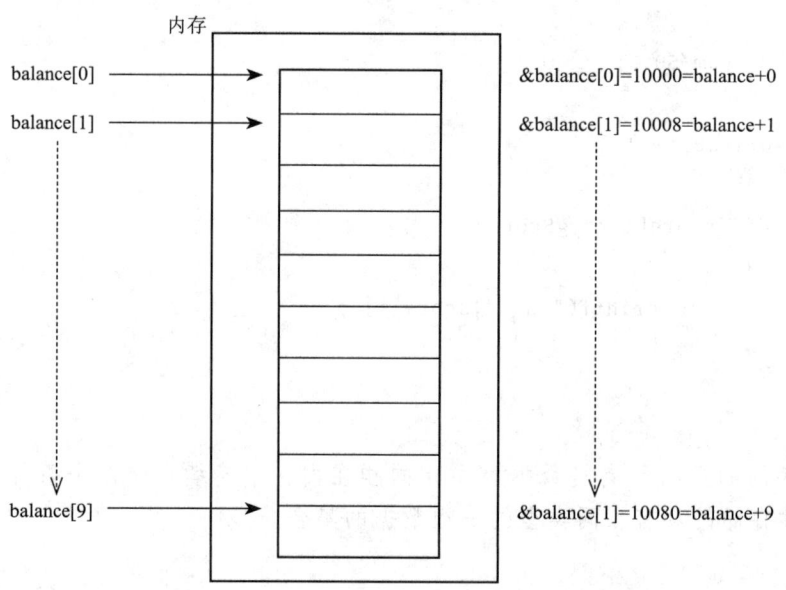

图 9-1 数组内存分配图

数组存储的特点是：索引从 0 开始；数组在内存中占据连续的字节单元；数组占据的字节单元数等于数组元素个数乘以该数组所属数据类型的数据占据的字节单元数；数组元

素按顺序连续存放。

在定义数组时,需要指定数组中元素的个数。方括号中的常量表达式用于指定元素的个数。数组中元素的个数又称为数组的长度。

数组中的多个元素如何区分呢?方法是对每个元素进行编号。数组元素的编号又叫下标。

数组中的下标从 0 开始(注意不是从 1 开始),通过"数组名[下标]"的方式表示每个数组元素。例如,"int a[5];"表示定义有 5 个元素的数组 a,这 5 个元素分别为 a[0]、a[1]、a[2]、a[3]、a[4]。其中,a[0]、a[1]、a[2]、a[3]、a[4] 分别表示这 5 个元素的变量名。另外,在定义数组时,方括号中的 arraySize 是一个常量表达式,不能是变量。

2. 初始化数组

C 语言中可以逐个初始化数组,也可以使用初始化语句,如:

double balance[5]={1000.0, 2.0, 3.4, 7.0, 50.0};

上述语句中,大括号"{ }"中的数的数目不能大于在数组声明时在方括号"[ ]"中指定的元素数目。

如果省略了数组的大小,数组的大小则为初始化时元素的个数。因此,"double balance[]={1000.0, 2.0, 3.4, 7.0, 50.0};"将创建一个数组,它与上文中所创建的数组完全相同。其各元素的分布如图 9-2 所示。

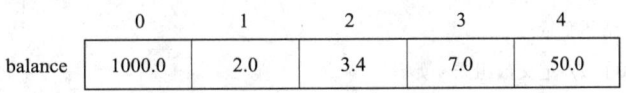

图 9-2 数组 balance 各元素的分布

也可以通过赋值语句为数组中的单个元素赋值,如:

balance[4] = 50.0;

上述语句将数组中第 5 个元素的值赋为 50.0。

所有数组都是以 0 作为数组第 1 个元素的索引,也被称为基索引。数组的最后一个索引是数组的总大小减去 1。

还可以用 scanf 从键盘录入值来对数组进行赋值。

示例 9-2

```
#include <stdio.h>
int main(  )
{
    int a[5] = {0};    // 数组清零初始化,将每个元素初始化为 0
    int i;
    printf("请输入 5 个数:");
    for(i=0; i<5; ++i)
    {
        scanf("%d", &a[i]);    // 输入 a[0]、a[1]、a[2]、a[3]、a[4] 这 5 个变量
    }
```

```c
    for(i=0; i<5; ++i)
    {
        printf("%d  ", a[i]);
    }
    printf("\n");
    return 0;
}
```

如果数组元素较多,逐个赋值将非常繁琐,此时可使用 memset 函数。该函数的原型为:

```c
#include <string.h>
void *memset(void *s, int c, unsigned long n);
```

该函数的功能是将指针变量 s 所指向的前 n 字节内存单元的值赋为"整数"c。

示例 9-3

```c
#include <stdio.h>
#include <string.h>

int main()
{
    int i;    // 循环变量
    char str[10];// 定义数组未初始化

    // 将数组 str 中每个数组元素置 0
    memset(str, 0, sizeof(str));   // sizeof(str)求数组的大小

    for(i=0; i<10; ++i)
    {
        printf("%d  ", str[i]);
    }

    printf("\n");
    return 0;
}
```

上述示例中,memset(str, 0, sizeof(str)) 中的 str 是数组名。数组名表示第一个元素的内存地址,也称首地址。

3. 访问数组元素(数组的引用)

数组元素可通过数组名称加索引进行访问。元素的索引放在方括号内,跟在数组名称后面。如:

$$double\ salary = balance[9];$$

上述语句将数组中第 10 个元素的值赋给 salary 变量。下面的示例使用了上文介绍的 3 个概念，即声明数组、数组赋值、访问数组。

示例 9-4

```c
#include <stdio.h>

int main()
{
    int n[10];   /* n 是一个包含 10 个整数的数组，声明数组 */
    int i,j;

    /* 初始化数组元素 */
    for(i = 0; i < 10; i++)
    {
        n[i] = i + 100;   /* 设置元素 i 为 i+100，元素赋值 */
    }

    /* 输出数组中每个元素的值 */
    for(j = 0; j < 10; j++)
    {
        printf("n[%d] = %d\n", j, n[j]);
    }
    return 0;
}
```

定义数组时用到的"数组名 [常量表达式]"和引用数组元素时用到的"数组名 [下标]"是有区别的，定义数组时的常量表达式表示数组的长度，而引用数组元素时的下标表示元素的编号。

```c
#include <stdio.h>
int main()
{
    int a[5];
    a[5] = {1, 2, 3, 4, 5};
    return 0;
}
```

上述程序中"a[5]={1, 2, 3, 4, 5};"的写法是错误的，此时的 5 表示的是第 6 个元素，表示给第 6 个元素赋值。显然，该数组只有 5 个元素，给第 6 个元素赋值将会越界。另外，数组元素是一个整型变量，而赋值的右边显然不是一个整数，无法赋值。当给元素单独赋值时不能加大括号，每个元素相当于一个变量。"{1, 2, 3, 4, 5}"这样的给数组赋值的方法在定义数组时才有效。

4. 数组之间的赋值

变量之间可以赋值,而数组是变量的集合,那么数组之间可以直接赋值吗?如定义了一个数组"int a[5]={1,2,3,4,5};",又定义了一个数组"int b[5];",那么如何编写程序才能将数组 a 中的数据赋给数组 b 呢?

"b=a;"是错误的赋值方式。因为 a 和 b 是数组名,而数组名是数组"第一个元素"的"起始地址"。也就是说,a 和 b 表示的是地址,是一个常数,不能将一个常数赋给另一个常数。数组赋值只能一个元素赋值给另一个元素。

示例 9-5

```
#include <stdio.h>
int main()
{
    int a[5] = {1, 2, 3, 4, 5};
    int b[5];
    int i;
    for (i=0; i<5; ++i)
    {
        b[i] = a[i];
        printf("%d\n", b[i]);
    }
    return 0;
}
```

5. 数组越界

数组越界,简单来说就是数组下标变量的取值超过了初始定义时的大小,导致对数组元素的访问出现在数组范围之外。这类错误是 C 语言程序中常见的错误之一。

在 C 语言中,数组是静态的。换言之,数组的大小在程序运行前就确定下来。在以后对数组的编程中,C 语言并不检验数组边界,因此数组的两端都有可能越界,而检验数组的边界只能由程序员完成。

例如,对于数组 int a[3],其下标取值范围是 [0,2](即 a[0],a[1] 和 a[2])。如果取值不在这个范围内(如 a[3]),就会发生越界错误。为避免越界,程序员在编写数组时需要显式地指定数组的边界。

在定义数组时,可使用"int a[]={1,2,3,4,5,6,7,8,9,10};"的方式,显然对于该数组 a[],编译器可以根据初始化值列表计算出数组的长度。当然,显式地指定数组的长度,如"int a[10]={1,2,3,4,5,6,7,8,9,10};",将使程序具有更好的可读性。

也可使用宏的形式来显式指定数组的边界(实际上这也是最常用的指定方法),如:

```
#define MAX 10
……
int a[MAX]={1,2,3,4,5,6,7,8,9,10};
```

"#define"又称宏定义，程序中可直接用标识符来表示常量，如上面的 MAX 表示 10。宏名表示一个常量，不能给常量赋值。

使用宏定义可用宏代替一个在程序中经常使用的常量，这样当需要改变这个常量的值时，可不需要对整个程序逐一进行修改，只需修改宏定义中的常量即可。数组定义采用宏定义时，在程序运行前如想改变数组的大小，则只需相应修改宏定义即可。

第二节　数组在函数中的应用

在被调函数中，如果要操作主调函数中的数组，需要把主调函数中的数组传到被调函数中。根据函数传递的方式，如果把每个数组元素的值传到被调函数中，这是不现实的，因为数组的元素个数很多，如果每个元素都传递过去，将造成参数"爆炸"。传递给被调用的函数后，在被调函数中修改这些变量的值并不会改变主调函数中数组元素的值，所以在进行数组数据传递时，传递的往往不是一个具体的数组元素的值，而是数组的地址。也就是说，主调函数把数组的地址传递给被调函数，被调函数有了主调函数数组的地址，就可根据地址在被调函数中操作该主调函数中的数组。声明函数形式参数一般有 3 种方式，这 3 种声明方式的结果是一样的。

方式 1：形式参数是一个指针。

```
void myFunction(int *param)
{

}
```

方式 2：形式参数是一个已定义大小的数组。

```
void myFunction(int param[10])
{

}
```

方式 3：形式参数是一个未定义大小的数组。（这是本章使用的方式。）

```
void myFunction(int param[])
{

}
```

示例 9-6

```
#include <stdio.h>

double getAverage(int arr[], int size)
{
```

```
    int i;
    double avg;
    double sum=0;

    for(i = 0; i < size; ++i)
    {
      sum += arr[i];
    }
    avg = sum/size;
    return avg;
}

int main()
{
    /* 带有 5 个元素的整型数组 */
    int balance[5] = {1000, 2, 3, 17, 50};
    double avg;

    /* 传数组名,表示传递一个指向数组的指针作为参数 */
    avg = getAverage(balance, 5) ;

    /* 输出返回值 */
    printf(" 平均值是：%f", avg);

    return 0;
}
```

上述程序实现多个数求平均值,通过定义函数实现,多个值存于数组中,在主函数中定义,主函数需要交给被调函数,但传递每个数组元素值不合理,而需要传递一个数组的地址。被调函数定义一个数组,实际上是想从某个地址开始开辟一片连续的空间,刚好主调函数给了这个首地址,根据这个地址找到了数组,从而实现主调函数和被调用的函数的数组内存地址空间共享。主调函数和被调函数的数组是同一个数组,只是名字不一样,在被调函数中取了一个别名。

第三节 字符串

1. 字符串

字符常量是由一对单撇号括起来的单个字符,如 'a', 'D', '?', '$'。C 语言中,除字符常量外,还有字符串常量。顾名思义,字符串就是多个"字符"串在一起。与字符常量有所不同,字符串常量是用"双引号"括起来的多个字符的序列,如 "How are you",但 "I love you"," 你好 "。当然,只要是"双引号"括起来的,即便只有一个字符也叫字符串,如 "a"。注意字符常量 'a' 与字符串常量 "a" 是不同的。

一个字符在内存中只占 1 字节,而字符串本质上是多个字符组成的字符数组。C 语言规定,在每个字符串常量的结尾,系统会自动加一个字符 '\0' 作为该字符串的"结束标志符",系统据此判断字符串是否结束。

'\0' 是 ASCII 码为 0 的字符,它不会引起任何控制动作,也不是一个可以显示的字符。例如,字符串常量 "CHINA" 表面上看只有 5 个字符,但实际上其在内存中占 6 字节,'C','H','I','N','A','\0' 各占 1 字节。输出该字符串时,'\0' 不会输出。也就是说,虽然实际上总共有 6 个字符,'\0' 也包括在其中,但输出时 '\0' 不会输出。系统从第一个字符 'C' 开始逐个输出字符,直到遇到 '\0',表示该字符串结束,停止输出。因此,在字符串常量中,如果"双引号"中能看见的字符有 n 个,那么该字符串在内存中所占的内存空间为 n+1 字节。

C 语言中,字符串实际上是使用 '\0' 终止的一维字符数组。下面的声明和初始化创建了一个 "Hello" 字符串,由于在数组的末尾存储了空字符,所以字符数组的大小比单词"Hello"的字符数多一个。

char greeting[6]={'H', 'e', 'l', 'l', 'o', '\0'};

依据数组初始化规则,可以将上面的语句写成以下语句:

char greeting[] = "Hello";

图 9-3 所示为 C 语言中定义的字符串的内存表示。

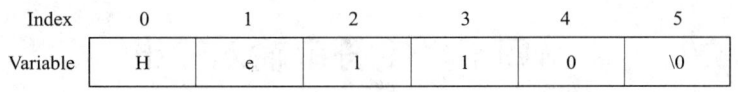

图 9-3 字符串 "Hello" 的内存表示

对于字符数组,其长度是固定的,其中任何一个数组元素都可以为字符 '\0'。但是,字符数组不一定是字符串。对于字符串,它必须以字符 '\0' 结尾,其后的字符不属于该字符串。字符串一定是字符数组,是最后一个字符为 '\0' 的字符数组。

2. 字符串函数

以下为常用字符串函数及其作用:

strcpy(s1, s2);　复制字符串 s2 到字符串 s1。

strcat(s1, s2);　连接字符串 s2 到字符串 s1 的末尾。

strlen(s1);　返回字符串 s1 的长度。

strcmp(s1, s2);　字符串比较:如果字符串 s1 与字符串 s2 相同则返回 0;如果字符串 s1 小于字符串 s2 则返回值小于 0;如果字符串 s1 大于字符串 s2 则返回值大于 0。

上述函数在函数库 string.h 中。当使用系统提供的字符串函数时,首先需要导入头文件。

示例 9-7

```
#include <stdio.h>
#include <string.h>
int main()
```

```c
{
    char str1[12] = "Hello";
    char str2[12] = "World";
    char str3[12];
    int  len;

    /* 复制 str1 到 str3 */
    strcpy(str3, str1);
    printf("strcpy(str3, str1): %s\n", str3);

    /* 连接 str1 到 str2 */
    strcat(str1, str2);
    printf("strcat(str1, str2): %s\n", str1);

    /* 连接后,求 str1 的总长度 */
    len = strlen(str1);
    printf("strlen(str1): %d\n", len);
    return 0;
}
```

第四节　字符串输入输出

在介绍输入方式前,需要了解计算机中的输入缓冲区,即所有从键盘输入的数据,无论是字符还是数字,都是先存储在内存的缓冲区中。该缓冲区称为"键盘输入缓冲区",简称"输入缓冲区"或"输入"。

1. 常量直接输入

字符串常量直接输入示例如下:

char c[] = "i believe you";

定义时即进行初始化,进行整体赋值。定义时初始化可不指定数组的长度,系统会根据初始化的内容自动分配数量正好的内存空间。对于数组 c 的写法,系统会自动在最后添加结束标志符 '\0',而不需要人为添加。上述数组大小为 14,其中包含了 '\0' 的位置。

注意空串的输入,如 "char str[3] = "";" 会将数组中的每个空间设置为空,以及每个值都是 '\0'。

示例 9-8

```c
#include <stdio.h>
int main()
```

```
{
    char str[3] = "";
    str[2] = 'a';
    printf("str = %s\n", str);
    return 0;
}
```

上述程序的输出为"str="。虽然数组第 3 个元素为 a，但是由于第 1 个元素为 '\0'，表示字符串结束，所以该数组代表空串，用"%s"输出字符串时，输出为空。

2. scanf 函数输入字符串

用 scanf 函数给字符数组赋值不同于对数值型数组赋值。给数值型数组赋值时只能用 for 循环逐一赋值，而不能整体赋值。给字符数组赋值时可直接赋值，不需要使用循环。从键盘输入后，系统会自动在最后添加结束标志符 '\0'。

示例 9-9

```
#include <stdio.h>

int main()
{
    char str[10];    //str 是 string 的缩写，即字符串

    printf("请输入字符串:");
    scanf("%s", str);    /* 不用加 &,因为数组名就代表该数组的起始地址 */

    printf("输出结果:%s\n", str);
    return 0;
}
```

请输入字符串：ILOVEYOU
输出结果：ILOVEYOU

注意：用 scanf 函数输入字符串时，如果输入的字符串中带空格，如"i love you"，那么会有一个问题。

请输入字符串：i love you
输出结果：i

系统将空格作为输入字符串之间的分隔符。只要接收到空格，系统就认为当前的字符串已经结束，接下来输入的是下一个字符串，所以只会将空格之前的字符串存储到字符数组中。要解决该问题，需要定义 3 个字符数组，如以下示例所示。

示例 9-10

```
#include <stdio.h>
int main()
```

```
    {
        char str1[10], str2[10], str3[10];

        printf("请输入字符串:");
        scanf("%s%s%s", str1, str2, str3);    //scanf用于不带空格的字符串输入

        printf("输出结果:%s %s %s\n", str1, str2, str3);

        return 0;
    }
```

3. gets 函数

gets 函数原型为"char *gets(char *str)",参数类型为 char* 型,即 str 可以是一个字符指针变量名,也可以是一个字符数组名。gets 函数的功能是从输入缓冲区中读取一个字符串并存储到字符指针变量 str 所指向的内存空间。针对 scanf 函数的缺陷,采用 gets 函数改造上例代码。

示例 9-11

```
#include <stdio.h>
#include <stdlib.h>

int main()
{
    char str[20];

    printf("请输入字符串:");
    gets(str);    /* 不用加&,因为数组名就代表该数组的起始地址 */

    printf("输出结果:%s\n", str);

    system("pause");
    return 0;
}
```

可见,gets 函数不仅比 scanf 函数简洁,且输入的字符串中有空格也可直接输入,如可直接输入"i love you",而不用像 scanf 函数那样要定义多个字符数组。

4. puts 函数

前面在输出字符串时都是使用 printf 函数,通过"%s"输出字符串。其实还有更简单的方法,就是使用 puts 函数。该函数只有一个参数,可以是字符指针变量名、字符数组名或字符串常量。功能是将字符串输出到屏幕。输出时遇到 '\0' 则停止输出。

示例 9-12

```c
#include <stdio.h>
#include <stdlib.h>

int main()
{
    char str[20];

    printf("请输入字符串：");
    gets(str);    /* 不用加&，因为数组名就代表该数组的起始地址 */

    puts(str);

    system("pause");
    return 0;
}
```

可见，使用 puts 函数输出更简洁、更方便，且使用 puts 函数时换行符 '\n' 可省去。使用 puts 函数显示字符串时，系统会自动在其后添加一个换行符，但 puts 函数括号中除字符指针变量名、字符数组名或字符串常量外，其他都不能写。相对 printf 函数而言，puts 函数不能进行人性化的输出构造。例如，printf 函数可以写为"printf(" 输出结果是：%s\n", str);"，而 puts 函数则不能采用 "puts(输出结果是：str);" 的形式来进行人性化的输出显示。

第五节　一维数组应用实例

1. 分析程序，给出输出结果。

```c
#include <stdio.h>
#include <stdlib.h>

int main( )
{
    char a[10];    // 字符数组
    char b[10];    // 字符数组

    char c[] = "i believe you";    // 字符串
    char d[] = "上课睡觉觉，下课打闹闹，考试死翘翘";
    char e[10] = "";    // 空串
```

排序算法　　顺序查找　　折半查找

```
    a[0] = 'i'; a[1] = ' '; a[2] = 'l'; a[3] = 'o'; a[4] = 'v';    //a[1]为一个空格
    a[5] = 'e'; a[6] = ' '; a[7] = 'y'; a[8] = 'o'; a[9] = 'u';    //a[6]为一个空格
    a[10] = '\0';
    b[0] = 'i'; b[1] = ' '; b[2] = 'm'; b[3] = 'i'; b[4] = 's';    //b[1]为一个空格
    b[5] = 's'; b[6] = ' '; b[7] = 'y'; b[8] = 'o'; b[9] = 'u';    //b[6]为一个空格

    printf("a = %s\n", a);
    printf("b = %s\n", b);
    printf("c = %s\n", c);
    printf("d = %s\n", d);
    printf("e = %s\n", e);

    system("pause");
    return 0;
}
```

上述程序的输出结果如图 9-4 所示。

图 9-4　输出结果

（1）数组 a 虽然越界，但是连续空间构成了一个以 '\0' 结尾的字符串，所以可输出该字符串。

（2）虽然程序中对数组 b 的长度进行了限制，即长度为 10，但是由于内存单元是连续的，对于字符串，系统只要没有遇到 '\0'，就会认为该字符串还没有结束，从而一直往后找，直到遇到 '\0' 为止。被找过的内存单元都会输出，从而输出结果超出定义的 10 字节的人为界限。输出内容不可预测，出现的奇怪符号是中文乱码的缘故。对数组一个一个元素地进行初始化的方式很麻烦，系统不会自动添加 '\0'，必须手动添加。如忘记添加，虽语法上没有错误，但程序可能无法实现想要的功能。

（3）数组 c 定义时初始化。定义时初始化可以整体赋值。定义时初始化可以不用指定数组的长度，不用人为确定需要多少字节的内存空间，而由系统根据初始化内容自动分配数量正好的内存空间。且系统会自动在最后添加结束标志符 '\0'，不需要人为添加。定义什么字符串就输出整个字符串。

（4）数组 d 体现了中文字符串的输入，1 个中文占 2 个字节，不能用单个字符赋值。

（5）空串初始化时所有单元都初始化为 '\0'，代表空串。

2. 输入 n（n<10 000）个整数，存放在数组 a[1] 至 a[n] 中，输出最大数所在位置。

● 计算思维

（1）整体按照输入、处理、输出的计算模式。

（2）求最大数位置时,首先假定第 1 个位置的数是最大的,然后依次遍历数组中的每个元素,若比当前的最大值大,则修改最大值的位置,直到数组遍历完成。

（3）算法流程如图 9-5 所示。

● 工程思维

（1）求最大数的位置可以是一个功能模块,采用函数形式。

（2）对于多个数的使用,采用数组作为存储结构。

（3）主函数与子函数共享数据,需要知道主函数数组的首地址和数组的大小,而要求最大值,只要得到最大值位置即可。因此,函数设计为: int getPosMax(int a[],int n)。

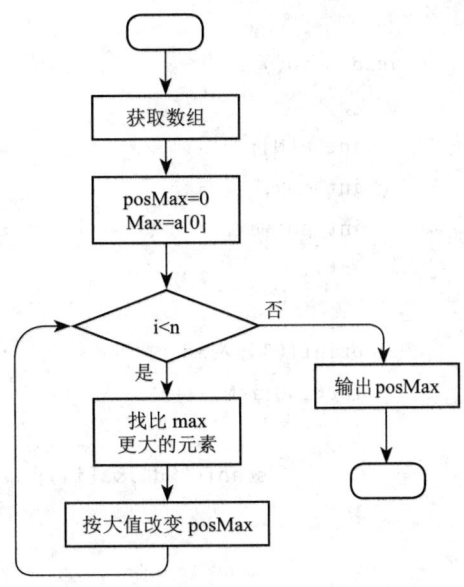

图 9-5 求最大值位置程序流程图

```
#include <stdio.h>
#define N 5    // 定义常量,表示数组的大小

int getPosMax(int a[],int n)
{
    int max;
    int posMax;
    int i;

    // 初始假定
    posMax=0;
    max=a[0];

    for(i=1;i<N;i++)
    {
        // 比当前的最大值大,就修改
        if(a[i]>max)
        {
            max=a[i];
            posMax=i;
        }
    }
    return posMax;
}
```

```
void main()
{
    int a[N];
    int max;
    int posMax;
    int i;

    printf(" 输入 %d 个数组元素 ",N);
    for(i=0;i<N;i++)
    {
            scanf("%d",&a[i]);
    }

    posMax=getPosMax(a,N);
    printf("maxvale position index is %d",posMax);
}
```

3. 实现字符串拷贝、连接,并求字符串的长度。

● 计算思维

(1)字符串拷贝中,从源字符串逐一拷贝字符到目的字符串,直到遇到字符串结束标志 '\0' 时结束拷贝,此时目的字符串还不是字符串,应在结束位置加上 '\0' 作为字符串的结束。字符串拷贝示意图如图 9-6 所示。

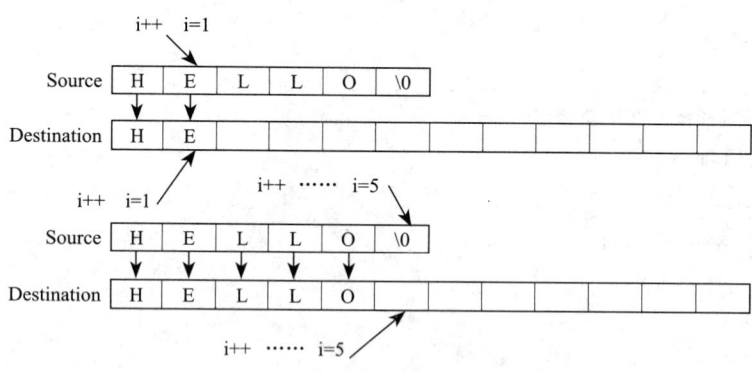

图 9-6　字符串拷贝示意图

（2）字符串连接时，首先找到源字符串的字符结尾，然后从结尾处依次将目标字符串的字符加入源字符串中，最后加入 '\0'，表示新字符串的结尾。字符串连接示意图如图9-7所示。

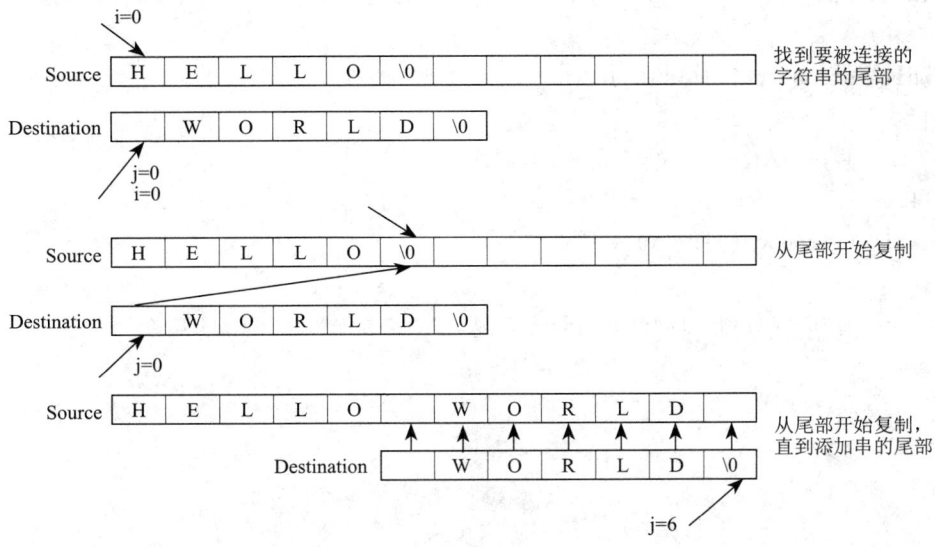

图 9-7　字符串连接示意图

● 工程思维

（1）按照功能划分函数模块。

（2）拷贝和连接都需要源字符串和目的字符串，实现功能时明显需要修改串的值，需要实现在子函数中修改主函数中的数据，显然需要数组共享，即字符串共享。只需要传入字符串的首址，实现共享后不需让函数返回值，因此函数设计为：void myStrCopy(char des[],char src[])，字符串修改后看 des 即可；void myStrCon(char strSource[],char strAdded[])，连接后看 strSource 即可。

```
#include <stdio.h>
#include <stdlib.h>

void myStrCopy(char des[],char src[])
{
    int i;

    for(i=0;src[i]!='\0';i++)
    {
        des[i]=src[i];   // 依次将源字符串的值赋值给目的串
    }
    des[i]='\0';   // 串结束符
}

void myStrCon(char strSource[],char strAdded[])
```

```
{
    int i=0;
    int j=0;
    
    while(strSource[i]!='\0')
    {
        i++;   // 找到源字符串的结束标志位置
    }
    while(strAdded[j]!='\0')
    {
        strSource[i]=strAdded[j];   // 从源字符串结束标志位置起进行赋值
        
        i++;
        j++;
    }
    
    strSource[i]= '\0';   // 重新定义源字符串结束位置
}

int myStrLen(char src[])
{
    int i;
    
    for(i=0;src[i]!='\0';i++);
    return i;
}

int main()
{
    char str1[6] = "HELLO";
    char str2[100];
    char str3[13]="WORLD";
    
    myStrCopy(str2,str1);
    printf("%s\n",str2);
    printf("str2 length is %d\n",myStrLen(str2));
    printf("str3 length is %d\n",myStrLen(str3));
    
    myStrCon(str2,str3);
    printf("%s\n",str2);
```

```
            printf("str2 connect str3  length is %d\n",myStrLen(str2));
            system("pause");
            return 0;
        }
```

4. 编程实现冒泡排序。

冒泡排序（bubble sort）是一种计算机科学领域较简单的排序算法。它重复地走访要排序的元素列，依次比较两个相邻的元素，如果它们的顺序（如从大到小、首字母从 A 到 Z）错误，就把它们交换过来。走访元素的工作重复进行，直到没有相邻元素需要交换，也就是说该元素已经排序完成。该算法名称的由来是因为越大的元素会经由交换而慢慢"浮"到数列的顶端（升序或降序排列），如同碳酸饮料中二氧化碳的气泡最终会上浮到顶端一样，故名"冒泡排序"。

给定一个数据序列，对其进行排序并显示序列。

● **计算思维**

（1）在进行冒泡法排序（升序）时，需要将数组元素（如 n 个）两两比较，如前面的元素大于后面的元素则交换两个数，否则比较下一个元素和它的下一个元素的大小。依次执行，执行一次循环就可以找到当前数组中最大的一个元素，然后问题规模变小。

（2）找出 $n-1$ 个元素中的最大值，使之成为第二大元素，依次执行。

（3）算法示意如图 9-8 所示。

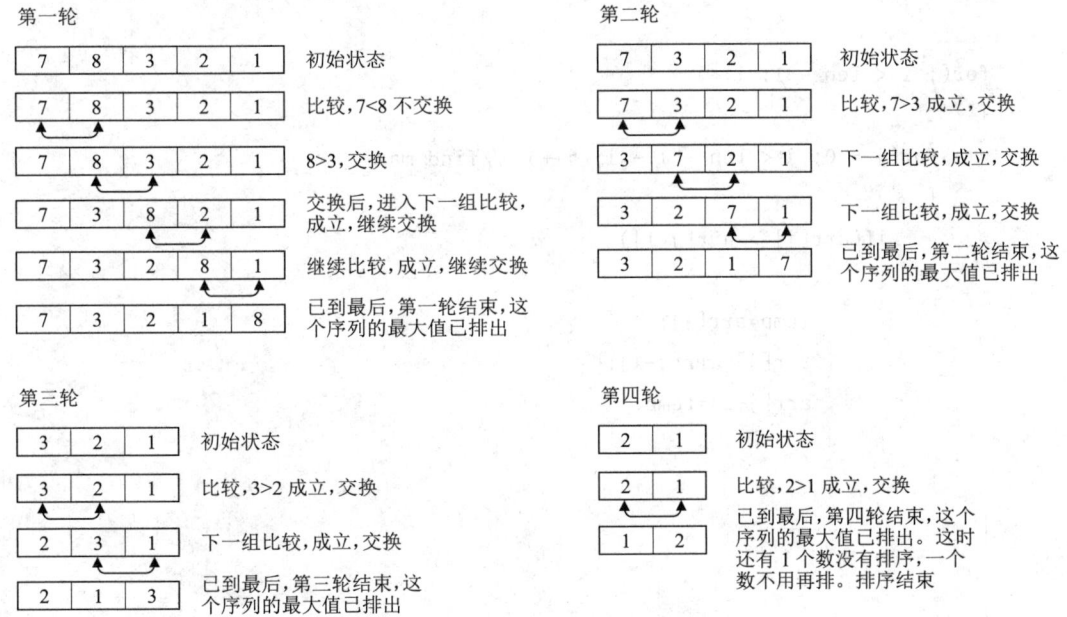

图 9-8　冒泡排序算法示意图

● **工程思维**

（1）排序可以是一个功能模块，采用函数形式。

（2）对于多个数据，采用数组作为存储结构。

（3）排序数组涉及修改值，需要共享数组，且需要知道数组长度，修改的值都在数组中，函数无需返回，设计为 void bubble_sort(int *arr,int len)。

（4）数组内容要显示，就需要知道数组和数组的长度，显示不需要返回，设计为 void show(int arr[],int len)。

```c
// 用冒泡法排序
#include <stdio.h>
void show(int arr[],int len)
{
    int i = 0;
    for(i = 0; i < len; i++)
    {
        printf("%d",arr[i]);
    }
    printf("\n");
}
void bubble_sort(int arr[],int len)
{
    int j = 0;
    int i = 0;
    int temp;

    for(; i < len - 1; i++)
    {
        for(j = 0; j < len - 1 - i; j++)  //find max
        {
            if(arr[j] > arr[j+1])
            {
                temp=arr[j];
                arr[j]=arr[j+1];
                arr[j+1]=temp;
            }
        }
    }
}

int main()
{
    int arr[]= {430,78,45,3,8,45,798,65};    // 数组初始化

    show(arr,sizeof(arr)/sizeof(int));    // 排序前
```

```
bubble_sort(arr,sizeof(arr)/sizeof(int));    // 排序
show(arr,sizeof(arr)/sizeof(int));    // 排序后

system("pause");
return 0;
}
```

第六节　二维数组

如果要记录全班 50 位同学的成绩,且每位同学有数学、英语、计算机共 3 门课成绩,这时可用二维数组来存储。

二维数组也称为矩阵。将二维数组写成行和列的排列形式,可以形象地理解二维数组的逻辑结构。图 9-9 所示为 50 位同学的 3 门课成绩的二维数组存储。

二维数组
定义及使用

行列互换

56	78	89
90	96	98
89	80	76
89	99	100
87	67	56
67	76	69
83	90	95
……		

图 9-9　50 位同学的 3 门课成绩的二维数组存储

1. 二维数组的定义

二维数组的一般定义格式为:

$$\text{type arrayName [rowSize][columnSize];}$$

二维数组用两个下标确定各元素在数组中的顺序,第一维下标代表行数,第二维下标代表列数。例如,"int a[3][4];"定义了一个三行四列的二维数组,共 12 个元素,各元素均为整型。逻辑上可以把二维数组看成一个具有行和列的表格或矩阵。二维数组 a[3][4] 的逻辑结构如图 9-10 所示。

	第 0 列	第 1 列	第 2 列	第 3 列
a[0]	a[0][0]	a[0][1]	a[0][2]	a[0][3]
a[1]	a[1][0]	a[1][1]	a[1][2]	a[1][3]
a[2]	a[2][0]	a[2][1]	a[2][2]	a[2][3]

图 9-10　二维数组 a[3][4] 的逻辑结构

2. 二维数组的初始化

二维数组的初始化有以下几种形式：

（1）分行初始化。例如：

int b[2][3]={{1,2,3},{4,5,6}};

（2）不分行初始化。例如：

int b[2][3]={1,2,3,4,5,6};

（3）省略第一维的定义，不省略第二维的定义。例如：

int b[ ][3]={1,2,3,4,5,6};

（4）部分数组元素初始化。例如：

int a[3][4]={{1},{5},{9}};

其初始化结果如图 9-11 所示。

也可对各行中的某一元素赋初值。例如：

int a[3][4]={{1},{0,6},{0,0,0,11}};

或只对某几行元素赋初值。例如：

int a[3][4]={ {1},{5,6} };

```
1000
5000
9000
```

图 9-11　初始化结果

（5）通过 scanf 语句逐一为数组元素赋值。例如：

```
 for(i=0;i<3;i++)
    for(j=0;j<4;j++)
      scanf("%d",&a[i][j]);
 for(i=0;i<3;i++)
    for(j=0;j<4;j++)
      printf("%d",a[i][j]);
```

3. 二维数组的应用

将一个二维数组的行和列元素互换，存到另一个二维数组中，如图 9-12 所示，将数组 a 转置，存入数组 b 中。

$$a = \begin{pmatrix} 1 & 2 & 3 \\ 4 & 5 & 6 \end{pmatrix} \longrightarrow b = \begin{pmatrix} 1 & 4 \\ 2 & 5 \\ 3 & 6 \end{pmatrix}$$

图 9-12　二维数组的行和列元素互换

● **计算思维**

定义变量：

int a[2][3]={1,2,3,4,5,6},b[3][2], i,j;

执行：b 数组的内容转置赋值给 array，即

b[j][i]=a[i][j] ;

```
#include <stdio.h>

int main()
```

```c
{
    // 声明数组及变量
    int a[2][3]={1,2,3,4,5,6};
    int b[3][2],i,j;

    for(i=0;i<2;i++)
      for(j=0;j<3;j++)
            b[j][i]=a[i][j];

    for(i=0;i<3;i++)
    {
        for(j=0;j<2;j++)
        printf("%4d",b[i][j]);

        printf("\n");
    }

    return 0;
}
```

第七节 学生信息管理系统中数组的应用

对于前几章开发的学生信息管理系统,系统运行时首先出现欢迎界面,按任意键后弹出主界面。用户在该界面中输入一个功能选项,进入相应的功能界面。假设输入 1,则进入学生信息录入功能。操作完成后,用户可以回到主界面,选择其他菜单项继续执行其他业务,直到用户想退出程序而选择退出,程序终止运行。

数组在学生信息管理系统中的应用

在欢迎界面运行结束后,用户按任意键可进入学生信息管理系统,但没有进行账号密码验证,即没有考虑系统的安全性。因此,应在考虑安全性的基础上优化设计方案。

1. 重构系统分析与设计

学生信息管理重构系统业务流程如图 9-13 所示。

在新方案中加入登录验证,要求用户输入用户名和密码,允许用户连续 3 次输入错误,超过 3 次将退出系统。如果在 3 次机会中输入了正确的用户名和密码,则进入学生信息管理系统的主界面。

流程的改变将引起设计的改变。如为满足用户登录功能,需要设计登录界面,用 login_menu 函数实现登录界面设计,接收用户名和用户密码;登录时,为判断登录是否成功,需要设计登录函数,登录函数主要判断用户的合法性,按照单一职责和逐层分解的原则,设计用户有效性验证函数 isUserValid。

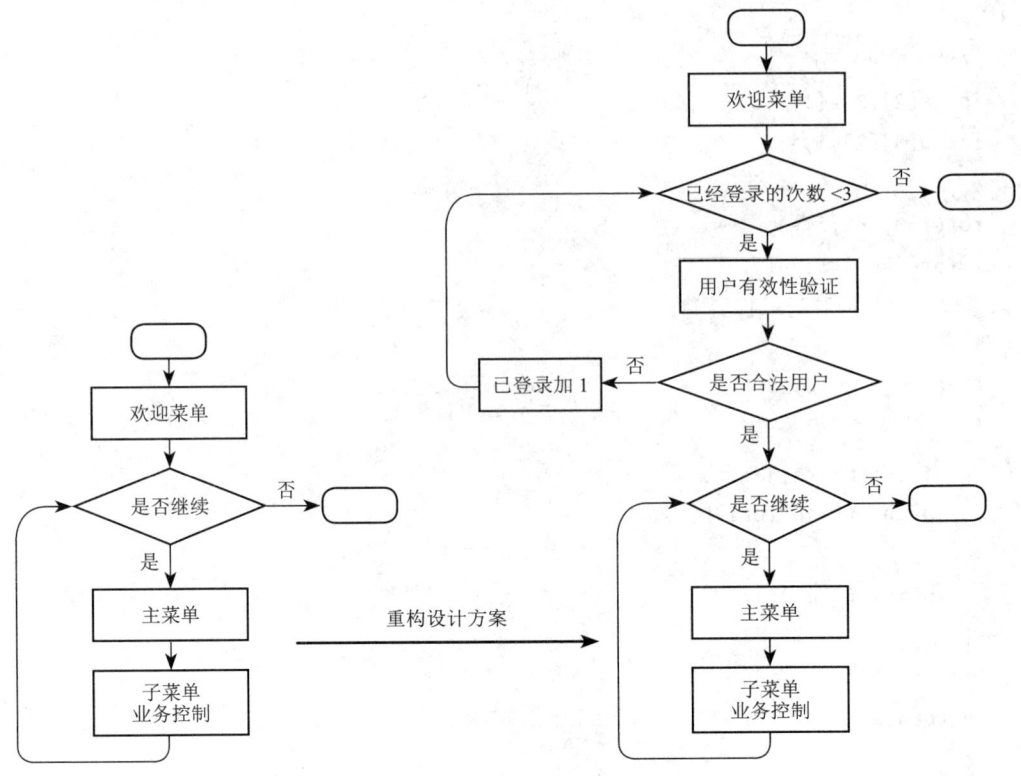

图 9-13 学生信息管理重构系统业务流程图

另外，学生信息管理系统有多个界面，为统一界面风格，在页面前需要设计一个统一的页面抬头，故设计 head_menu 函数。控制台程序中涉及光标的定位和系统决定在何处进行输出，故设计 gotoxy 函数实现光标定位。

按照分层的设计规则，对 UI 层，将 login_menu 函数设计在 frmLogin.h 接口文件中，将 head_menu 函数设计在 sys_menu.h 接口文件中；对业务逻辑层，将判断用户是否是合法用户的 isUserValid 函数设计在 StudentBLL.h 接口文件中；增加一个通用层，将用于定位光标位置的 gotoxy 函数设计在 commonpositiontool.h 接口文件中。

学生信息管理重构分层接口设计如图 9-14 所示。

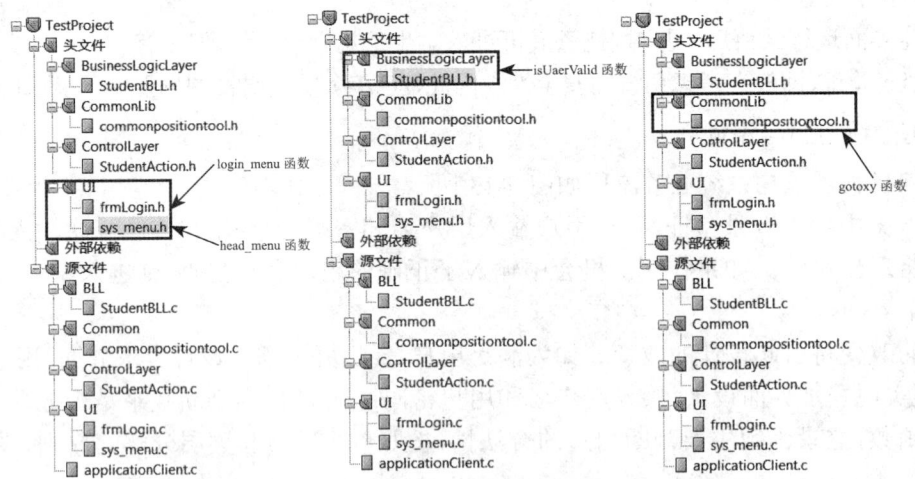

图 9-14 学生信息管理重构分层接口设计图

2. 重构函数设计与实现

对于系统安全的问题，核心是用户有效性函数的参数如何设计？账号和密码都是字符串，需要用户提供给函数，按照输入、处理、输出的执行逻辑。显然，函数需要两个输入参数且都应该是字符串，而字符串的数据存储形式为字符数组，因此函数参数采用两个字符数组的形式。参数名分别为 userAcount 和 userPassword，参数类型为字符数组。

另外，函数需要进行用户有效性判断，需要告诉调用者是有效还是无效，所以函数的返回类型设计为整型，返回 1 表示有效，返回 0 表示无效。

用户有效性判断程序流程如图 9-15 所示。

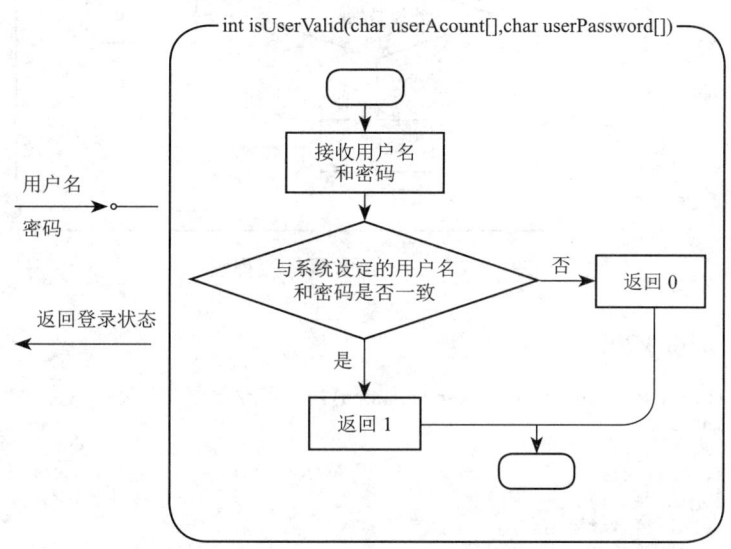

图 9-15　用户有效性判断程序流程图

在函数实现时，借助流程图进行逻辑映射，翻译成对应的 C 语言代码。判断字符串是否相等时，使用系统提供的字符串比较函数 strcmp，比较输入值与系统设定的值是否相等，如都等于 0，则表示账号、密码匹配。

为得到有效性判断函数中的实参值，可设计一个 login 函数，该函数提供一个登录界面，在登录界面中录入判断有效性函数需要的账号和密码。基于安全考虑，密码输入时采用密码掩码方式。得到这个值后，调用有效性验证函数 isUserValid，将值传递给有效性验证函数。如果 isUserValid 函数的返回值等于 1，则 login 函数返回 1，表示登录成功。

有效性验证函数 isUserValid 代码如图 9-16 所示，login 函数程序流程如图 9-17 所示，login 函数代码如图 9-18 所示。

```
int isUserValid(char userAcount[] ,char userPassword[])
{
    if (strcmp(userAcount, "xiaobin") == 0 && strcmp(userPassword, "swpu") == 0)
    {
        printf("\t\t欢迎进入系统,请稍候......\n");
        Sleep(1000);
        return 1;//1代表成功
    }
    else
    {
        return 0;//用户名密码错误,登录失败
    }
}
```

图 9-16　有效性验证函数 isUserValid 代码

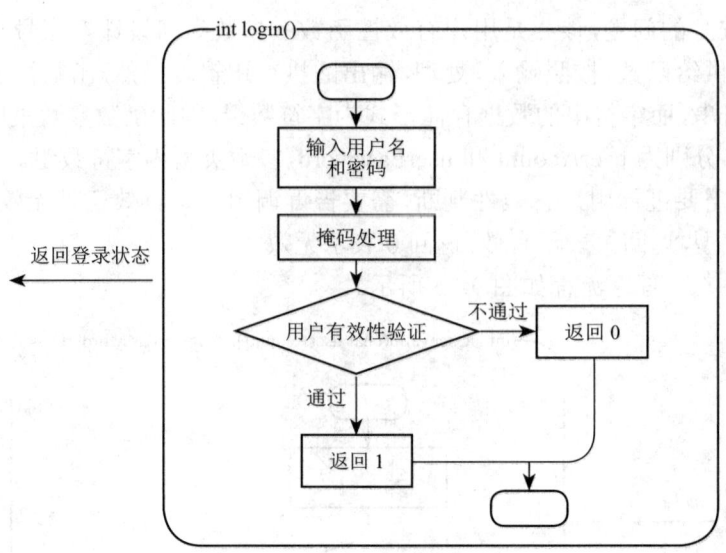

图 9-17 login 函数程序流程图

```
int login()
{
    char userAcount[20], userPassword[20];  //设定账号密码不超过20位
    int i;
    //登录成功才能进入系统
    system("cls");
    login_menu();
    printf("\t\t账号:");
    scanf("%s",userAcount);
    printf("\t\t密码:");

    //密码掩码方式显示
    for(i=0;i<20;i++)
    {
        userPassword[i]=getch();

        if(userPassword[i]=='\r')
        {
            break;
        }
        printf("*");
    }
    userPassword[i]='\0';

    if(isUserValid(userAcount,userPassword)==1)//登录成功进入系统
    {
        return 1;//代表成功
    }
    else
    {
        return 0;//代表失败
    }
}
```

图 9-18 login 函数代码

对于用户登录,可以根据主流程的流程图重构代码,调用欢迎函数显示欢迎界面,执行 while 循环条件来判断用户登录次数是否超过 3 次。如没有超过 3 次,则判断 login 函数返回值是否等于 1,等于 1 表示合法用户,登录成功,运行系统,不等于 1 则执行 loginCounter+1,登录计数器加 1。当 loginCounter 值从 0 变到 3 时,说明已经 3 次非法登录,执行 exit 函数,退出系统。欢迎界面及用户登录代码如图 9-19 所示。

```c
//欢迎界面,提示用户进行系统登录
int main()
{
    int loginCounter=0;//允许错误输入次数
    int menu_number;//主菜单序号选择

    //欢迎界面
    welcome_menu();

    while(loginCounter<3)
    {
        if(login()==1)
        {
            printf("\t\t欢迎进入系统,请稍候......\n");
            Sleep(1000);

            while(1)
            {
                //进入系统主界面
                main_menu();

                //选择子菜单进行业务操作
                printf("\n\t请选择序号: ");
                scanf("%d", &menu_number);

                //子菜单业务调用
                main_menu_choose(menu_number);
            }
        }
        else
        {
            fflush(stdin);
            printf("\n\t\t用户和密码输入错误,按任意键请重新输入\n");
            Sleep(1);
            getchar();
            loginCounter++;
        }
    }

    //超过3次,退出系统
    if(loginCounter==3)
    {
        printf("\n\t\t连续输错3次,程序即将退出......\n");
        Sleep(2000);
        exit(ERROR);
    }

    return 0;
}
```

图 9-19 欢迎界面及用户登录代码

3. 辅助菜单及定位函数实现

gotoxy 函数通过横坐标 x 和纵坐标 y 定位光标的屏幕显示位置,可以通过查阅 windows.h 头文件的说明书进行学习。head_menu 通过使用 gotoxy 定位屏幕的显示输出,为每个界面制作一个抬头界面。如图 9-20 所示。

系统改造完成后,首先进入欢迎界面,按任意键后进入登录界面,密码采用掩码方式显示,以提高安全性。如果账号密码有误,系统要求重新录入,系统共有 3 次登录机会。当账号密码匹配时,成功登录系统。通过重构系统,系统的运行符合实际需求。

```
#include <windows.h>
void gotoxy(int xpos,int ypos)//光标定位函数
{
    COORD scrn;
    HANDLE hOuput=GetStdHandle(STD_OUTPUT_HANDLE);//获取当前函数句柄
    scrn.X=xpos;scrn.Y=ypos;
    SetConsoleCursorPosition(hOuput,scrn);
}

void head_menu()
{
    gotoxy(HEAD_ONE,3);
    printf("     @");
    gotoxy(HEAD_TWO,4);
    printf("    / \\\n       ");
    printf("                              ***\n");
    printf("                              ***\n");
    printf("                             *****\n");
    printf("                            *******");
    gotoxy(HEAD_THREE,5);
    printf("\n\n\n\n                            **************\n");
    printf("                         ****************");
    gotoxy(HEAD_FOUR,6);
    printf("\n\n\n\n\n             *+--------oOOo-----(_)-----oOOo---------+*\n");
    printf("                ****************************\n");
    printf("                      *******\n");
    printf("                      ***********\n");
    printf("                     **************\n");
    printf("                    ****************\n");
    printf("                    软件工程真香！！！ ");
    printf("\n\n\n\n\n");
}
```

图 9-20　head_menu 函数和 gotoxy 函数代码

本章小结

数组是一种重要的静态数据存储结构，其特点是数据类型相同的一组连续数据的存储单元，在使用过程中，要注意存储空间的范围，避免越界操作数组。数组名表示数组存储位置的第一个元素的物理位置，常称为首址。在函数中，通过传递首地址实现被调函数和主调函数之间对数组内存共享，使得在被调函数中可以修改数组的值，解决函数只能返回一个数值给主调函数的问题。字符串是一种特殊的数组，以空字符 '\0' 结尾，在字符数组操作中常将其作为编程的辅助标识。

练 习 题

编程题（使用数组实现）

1. 宾馆有 100 个房间，从 1 到 100 编号，第 1 名服务员把所有的房间门打开，第 2 名服务员把编号为 2 的倍数的房间进行相反处理，第 3 名服务员把编号为 3 的倍数的房间进行相反处理，以后继续这种操作，问第 100 名服务员操作后哪些门是开的。

2. 输入 n 个整数，存放在数组 a[1] 至 a[n] 中，输出最大数所在位置。

3. 输入 10 个正整数，按从小到大排序（冒泡排序）。

4. 约瑟夫问题：N 个人围成一圈，从第 1 个人开始报数，数到 M 的人出圈；再由下一个人开始报数，数到 M 的人出圈；直到只剩 1 人，输出依次出圈的人的编号。N 和 M 由键盘输入；用数组实现。

5. 输出一个整数序列中与指定数字相同的数的个数。

6. 陶陶家的院子有一颗苹果树，每年都会结 10 个苹果，成熟时他会去摘苹果。他还有一个 30 cm 高的板凳，当他不能用手摘到时就会用这个凳子。现在已经知道 10 个苹果离地面的高度以及陶陶举手能达到的高度，问他能摘到几个苹果。

7. 将一个整数序列逆序排放。

8. 已知一个已经按从小到大排序的数组，该数组中的一个平台就是连续的一串值相同的元素，如 1,2,2,3,3,3,4,5,5,6 中 1,2-2,3-3-3,4,5-5,6 都是平台，最长平台是 3-3-3。请编程求最长平台。

9. 给定含有 n 个整数的序列，对该序列进行去重操作，输出不重复的序列。去重是对于重复出现的数字只保留第一次出现的位置，其他的都删除。

10. 小英是药学专业的大三学生，暑假期间获得了去医院药房实习的机会。在药房实习期间，小英扎实的专业基础获得了医生的一致好评。得知小英在计算概论中取得过好成绩，主任又额外交给他一项任务，解密抗战时期被加密过的一些伤员的名单。经过研究，小英发现了加密规律：原文中所有的字符都在字母表中被循环左移了 3 个位置（dec → abz）；逆序存储（abcd → dcba）；大小写反转（abXY → ABxy）。若给定一个加密的字符串（只含有大小写字母），请给出明文。

11. 输入一行单词序列，相邻单词之间由 1 个或多个空格间隔，请对应计算各单词的长度。没有被空格隔开的符号串都视为单词。

12. 输入一行只包含字母、空格和逗号的句子（其中单词由至少一个连续的字母构成，空格和逗号都是单词间的间隔），输出所有单词及其长度。

13. 输入一个句子，将句子中的每个单词翻转后输出。

14. 输入一个字符串，输出该字符串是否为回文。回文是指顺读和倒读都一样的字符串。

15. 给定一个字符串，在字符串中找到第一个连续出现至少 k 次的字符。如在字符串 abcccaaabc 中第一个连续出现 3 次的字符是 c。

16. 一般的文本编辑器都有查找单词的功能，该功能可快速定位特定单词在文章中的位置，还能统计出特定单词在文章中出现的次数。请编辑实现这一功能，具体要求是：给定一个单词，请输出它在给定的文章中出现的次数和第一次出现的位置。（注：单词不区分大小写，要求完全匹配，若为单词一部分则不算匹配。）

17. 小陈的电脑上安装了一个机器翻译软件，他经常用这个软件翻译英文文章。翻译原理是从头到尾依次将每个英文单词用对应的中文含义来替换。对于每个英文单词，软件会先在内存中查找这个单词的中文含义，如果内存中有，软件会用它进行翻译；如果内存中没有，软件会在外存中的词典内查找，查出单词的中文含义然后翻译，并将这个单词和译义放入内存，以备后续的查找和翻译。假设内存中有 M 个单元，每个单元能存放一个单词和释义。当软件将一个新单词存入内存前，如果当期内存中已存入 M 个单词，软件会清空最早进入内存的那个单词，腾出单元来存放新单词。假设一篇英文文章长度为 N 个单词，给定该篇待翻译文章，翻译软件需要去外存查找多少次词典？假设在翻译开始前内存中没有任何单词。（注：在翻译前已经将每个单词用一个数字进行了编码，既输入文章时只需录入数字代替。）

测试要求：需要指定内存容量和文章长度，一个单词对应一个正整数。

18. 选择排序是一种简单直观的排序算法。它的工作原理是：第一次从待排序的数据元素中选出最小（或最大）的一个元素，存放在序列的起始位置，再从剩余的未排序元素中寻找到最小（或最大）元素，放到已排序的序列的末尾。以此类推，直到全部待排序数据元素的个数为零。

19. 先将输入的一系列整数中的最小值与第一个数交换，然后将最大值与最后一个数交换，最后输出交换后的序列。

输入格式：在第一行中给出一个正整数 N（$N \leq 10$），第二行给出 N 个整数，数字间以空格分隔。

输出格式：在一行中顺序输出交换后的序列，每个整数后跟一个空格。

20. 统计一个整型序列中出现次数最多的整数及其出现次数。

输入格式：在一行中给出序列中整数个数 N（$0 < N \leq 1\,000$）以及 N 个整数，数字间以空格分隔。

输出格式：在一行中输出出现次数最多的整数及其出现次数，数字间以空格分隔。

输入样例：10 3 2 -1 5 3 4 3 0 3 2

输出样例：3 4

21. 提取一个字符串中的所有数字字符（'0','1',…,'9'），将其转换为一个整数输出。

输入格式：在一行中给出一个不超过 80 个字符且以回车结束的字符串。

输出格式：在一行中输出转换后的整数。

输入样例：free82jeep5

输出样例：825

22. 对输入的 N 个字符串，输出其中最长的字符串。

输入格式：第一行给出正整数 N，随后 N 行每行给出一个长度小于 80 的非空字符串，其中不会出现换行符、空格和制表符。

输出格式：在一行中用以"The longest is: 最长的字符串"的形式输出最长的字符串，如果字符串的长度相同则输出先输入的字符串。

输入样例：

5

li

wang

zhang

jin

xiang

23. 编程统计输入字符串中单词的数量。

第十章

透过现象看本质
——指针

要明白什么是指针,必须先弄清楚数据在内存中是如何存储的以及如何被读取的。图 10-1 描述的是内存寻址示意图。

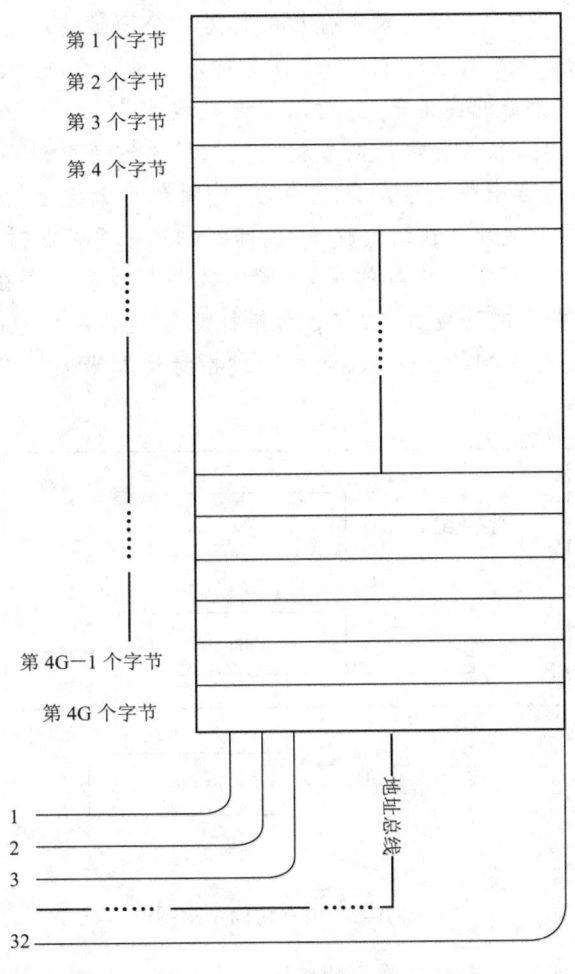

图 10-1 内存寻址示意图

内存中一个单元指 1 字节,1 字节有 8 位。每根地址总线都有 0 和 1 两种状态;两根地址总线有 4 种组合,能控制 4 个内存单元;3 根地址总线有 8 种组合,能控制 8 个内存单元;

n 根地址总线有 2^n 种组合,能控制 2^n 个内存单元。如果 CPU 总共通过 32 根地址总线对内存进行处理,则能控制 2^{32} 个内存单元,即 2^{32} 字节。由于 2^{32} B=4 GB,所以 32 位系统的计算机只能控制 4 GB 的内存。

如果在程序中定义了一个变量,编译时系统会为该变量分配内存单元。编译系统根据程序中定义的变量类型分配一定长度的空间。内存的基本单元是字节。每个字节都有一个编号,这个编号就是"地址",如图 10-1 中的第 1 个号编号到第 4G 个编号。这相当于学生寝室的房间号。在地址所标示的内存单元中存放的数据相当于在该寝室房间内居住的学生。

注意区分"内存单元的地址"和"内存单元的内容"两个概念,即"房间号"和"房间内所住学生"的区别。程序中一般通过变量名来对内存单元进行存取操作。实际上,程序经过编译后已将变量名转换为变量地址,对变量值的存取都是通过地址进行的。这种按变量地址存取变量的方式称为直接访问方式。

还有一种间接的访问方式,即变量中存放的是另一个变量的地址。更具体地,变量中存放的不是操作数,而是操作数所在的地址。这种变量是一种特殊的变量,即存放地址的变量。由于通过地址就能找到所需的变量单元,所以常说成地址"指向"该变量单元。如同一个房间号指向某一个房间一样,只要告诉房间号就能找到房间的位置,房间号就是一个存放房间地址的变量。因此,C 语言中将地址形象地称为"指针",存放地址的变量就称为指针变量。通过指针变量能找到这个地址所在的内存单元,即找到另一个存放操作数的变量。

图 10-2 中,a 是一个存放操作数的变量,操作数是 100,变量 a 在内存中的地址编号为 1000,该地址编号存于特殊的变量 p 中,称 p 为指针变量。这两个变量之间的关系是指针变量 p 指向变量 a。只要有这种指向关系,就可通过指针运算来间接访问它所指向的变量的内容。

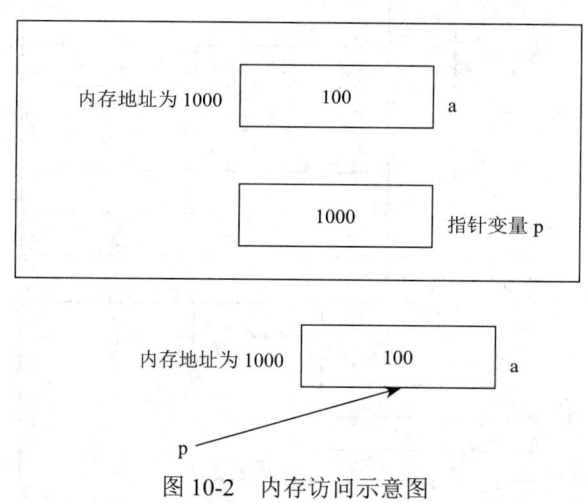

图 10-2 内存访问示意图

指针就是地址,而地址就是内存单元的编号。存放指针的变量就是指针变量,通过该指针变量的值能找到另一个变量在哪里,从而操作另一个变量。

初学者要注意区分"指针"和"指针变量"两个概念。指针是一个地址,而指针变量是存放地址的变量。

第一节　指针变量的定义

与其他变量或常量一样，在使用指针变量存储其他变量地址前，需要对其进行声明。指针变量声明的一般形式为：

指针引入　指针变量的定义

    type *var-name;

其中，type 是指针的基类型，它必须是一个有效的 C 语言数据类型；var-name 是指针变量的名称。在这个语句中，星号用来指明一个变量是指针类型，以区别于普通变量，区别于存操作数的变量，所以它起到的是标识身份符号的作用。

以下是有效的指针声明：

int *ip;　　/* 一个整型的指针变量 ip，存整型变量的地址 */
double *dp;　　/* 一个 double 型的指针变量 dp，存双精度类型变量的地址 */
float *fp;　　/* 一个浮点型的指针变量 fp，存单精度类型变量的地址 */
char *ch;　　/* 一个字符型的指针变量 ch，存字符类型变量的地址 */

不同类型的数据在内存中所占的字节数是不同的，如 int 型数据占 4 字节，char 型数据占 1 字节。根据前面的地址分配内存图可知，每个字节都有一个地址，如一个 int 型数据占 4 字节，就有 4 个地址，那么指针变量所指向的是这 4 个地址中的哪个地址呢？实际上，它指向的是第一个地址，即指针变量中保存的是它所指向的变量的第一个字节的地址，即首地址。通过所指向变量的首地址和该变量的类型就能知道该变量的所有信息。

可以使用取地址运算符（&）访问变量的地址，如输入函数 scanf 就是使用 & 告知变量的地址，从而为该地址赋值。下面的代码描述了变量地址的获取方法。

示例 10-1

```
#include <stdio.h>
int main()
{
    int var1;
    printf("var1 变量的地址：%p\n", &var1);
    return 0;
}
```

指针变量也是变量，存放在内存中，所以指针变量本身也有地址，只是有时不关心这个地址。但如果是一个指向指针的指针，这时需要指向的指针变量的内存地址。只要定义了一个变量，程序在运行时系统就会为它分配内存空间。但指针变量又是存放地址的变量，所以这里有两个地址概念需要弄清楚：一个是系统为指针变量分配的地址，即指针变量本身的地址；另一个是指针变量中存放的另一个变量的地址。指针变量无论是指向整型、浮点型、字符型，还是指向其他数据类型，所有指针变量的实际数据类型都是一样的。

第二节 指针变量的初始化与赋值

变量在使用前需要进行初始化,指针变量也一样,只是初始化时赋给它的值是一个地址。如:

```
int i, *j;
j = &i;
printf("%d",*j);
```

上述语句所表达的是将变量 i 的地址放到指针变量 j 中,通过 i 的地址,j 就能找到 i 中的数据,所以 j 就"指向"了变量 i,然后可通过指针变量的运算符操作它指向的变量 i。

上述语句中,"&"为取地址运算符,与 scanf 中的"&"是一样的。j 被定义成指针变量,j 中只能存放变量的地址,所以变量 i 前一定要加"&"。注意:不要将一个整数或任何其他非地址类型的数据赋给一个指针变量,否则会导致数据的不安全。

定义指针变量时的"*j"与程序中打印输出语句 printf 用到的"*j"的含义不同。定义指针变量时的"*j"只是一个声明,此时的"*"仅表示该变量是一个指针变量,与 int 结合指明指针类型,并没有其他含义。且此时该指针变量并未指向任何一个变量,至于具体指向哪个变量,要在程序中指定,即对指针变量初始化。当指定 j 指向变量 i 后,printf 语句中使用的"*j"中,"*"为指针运算符,功能是取其内部所存变量地址所指向变量中的内容。也就是说,此时"*j"完全等同于变量 i,可以相互替换。

注意:牢记当指针变量指向一个变量时,"*指针变量"等价于被指向的变量。另外特别要注意的是,如果一个变量被定义为整型指针变量,那么该指针变量只能存放普通整型变量的地址。

示例 10-2

```
#include <stdio.h>
int main()
{
    int   var = 20;    /* 普通变量的声明 */
    int   *ip;         /* 指针变量的声明 */

    ip = &var;  /* 在指针变量中存储普通变量 var 的地址,初始化 */
    printf("Address of var variable: %p\n", &var);
    /* 在指针变量中存储的地址 */
    printf("Address stored in ip variable: %p\n", ip);
    /* 使用指针访问值 */
    printf("Value of *ip variable: %d\n", *ip);
    return 0;
}
```

使用指针时主要进行的几个操作是：定义一个指针变量；把变量地址赋值给指针变量；访问指针变量中可用地址的值。

当然，变量的值经常通过赋值运算发生改变，指针变量也支持赋值运算，常将一个表示地址的指针变量赋值给另一个指针变量，从而使指针变量指向其他变量，操作其他变量。

示例 10-3

```
#include <stdio.h>
int main()
{
    int *i, *j;
    int k = 3;

    i = &k;   //i指向 k
    j = i;    // 指针变量之间进行赋值

    printf("*i= %d\n", *i);   // 此时 *i 完全等同于 k
    printf("*j = %d\n", *j);  // 此时 *j 完全等同于 k
    return 0;
}
```

上述程序的内存示意图如图 10-3 所示。

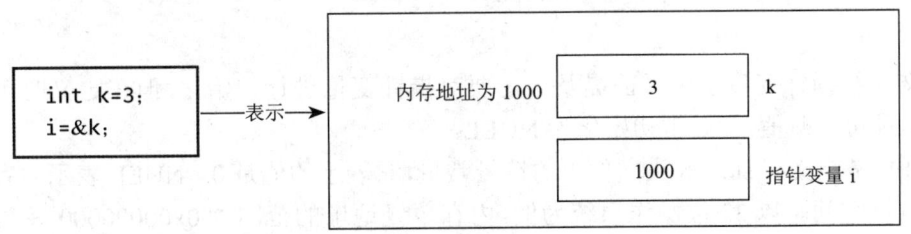

图 10-3　内存示意图 1

指针变量存放 k 的内存地址 1000，如图 10-4 所示。

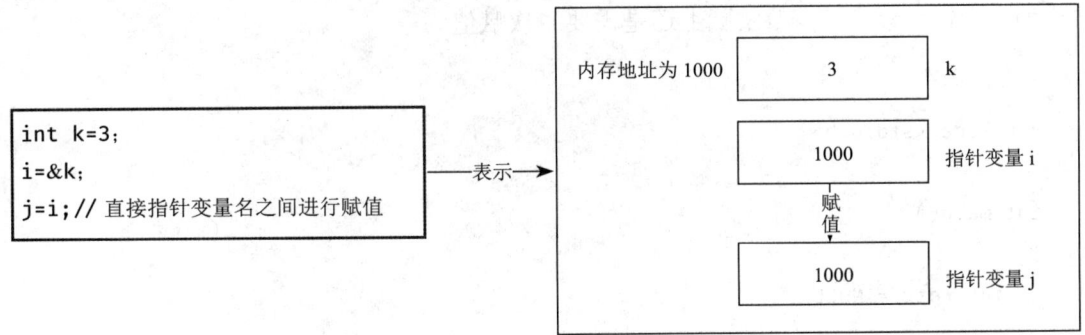

图 10-4　内存示意图 2

通过赋值语句，使得指针变量 j 也有相同的值 1000，如图 10-5 所示。

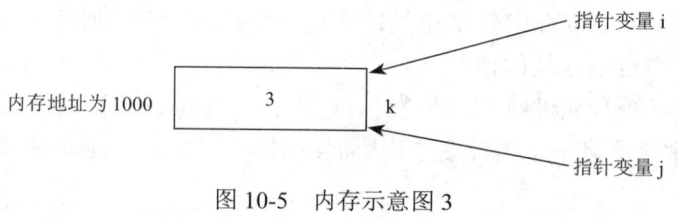

图 10-5 内存示意图 3

这表示指针变量 i 和指针变量 j 都指向相同的内存单元,都可以操作变量 k。在使用指针变量赋值时,两个指针变量的基类型一定要相同。在赋值之前,赋值运算符"="右边的指针变量必须是已经初始化的,切忌将一个没有初始化的指针变量赋给另一个指针变量。

试图引用未初始化的指针变量是初学者最容易犯的错误。未初始化的指针变量指向的是无效的地址。可以这样理解,如果指针变量不初始化,那么它可能指向内存中的任何一个存储单元,这样会很危险。如果正好指向存储着重要数据的内存单元,且又不小心向这个内存单元中写入了数据,把原来的重要数据覆盖了,就会导致系统问题。当然,编译器是不允许这种事情发生的,所以如果指针变量未初始化,编译器的设计人员会让编译器指向一个固定的、不用的地址。也就是如果不初始化,程序将变得没有意义,得不到需要的值。在对没有进行有效初始化的指针变量进行操作时,有些编译器可能编译时不会出错,但运行时会报错。

第三节 NULL 指针

前文介绍指针变量使用时已提及一定要对指针变量进行初始化,但在定义时可能没有确切的地址可以赋值,此时常初始化为 NULL。

NULL 是定义在 stdio.h 头文件中的符号常量,它表示的值是 0。NULL 表示内存中地址为 0 的内存空间。以 32 位操作系统为例,内存单元地址的范围为 0x00000000 ~ 0xffffffff。其中,0x00000000(0x 代表数据是 16 进制,1 位当 4 位二进制)就是 NULL 存放的内存单元的地址。操作系统中已经规定该内存单元是不可用的。凡是试图往该内存单元中写入数据的操作都会被视为非法操作,从而导致程序运行时错误。也就是说,赋为 NULL 值的指针被称为空指针。该指针变量实际上还是需要二次赋值。

示例 10-4

```
#include <stdio.h>

int main()
{
    int *ptr = NULL;

    printf("ptr 的值是 %p\n", ptr);
```

```
    return 0;
}
```

当上面的代码被编译和执行时,产生的结果是"ptr 的值是 0x0"。在大多数操作系统上,程序不允许访问地址为 0 的内存。然而,内存地址 0 有特别重要的意义。

为指针变量赋 NULL 值是一个良好的编程习惯。同时,编程时往往根据是否为空进行操作,所以常与条件语句进行结合编程,如可以使用如下 if 语句:

    if(ptr) /* 如果 ptr 非空,则完成 */
    if(!ptr) /* 如果 p 为空,则完成 */

注意:指针变量未赋值和赋 0 值是不同的。指针变量未赋值,保存的地址是随机值,是不能使用的,而赋 0 是确定的。因此,定义指针变量时,如果不能确定它所指向的位置,可以先初始化为 0 或 NULL。

第四节 指针的算术运算

地址可以进行运算。例如,"使指针向后移 1 个位置"或"使指针加 1",这里的 1 与指针变量的基类型直接相关。指针变量的基类型占几个字节,这个 1 代表的就是几。如指针变量指向一个 int 型变量,那么"使指针向后移 1 个位置"就意味着移动 4 个字节,"使指针加 1"就意味着使地址加 4。因此,必须指定指针变量所指向的变量类型,即指针变量的基类型。也可以认为,这里的 1 代表 1 个数据元素。

指针运算

基于上面的理解,当两个指针变量相减时,结果是一个常量,表示两个内存地址之间的数据元素个数,而不是指针型变量。如两个 int 型的指针变量相减,结果是 int 型常量。此时若将相减的结果赋给 int 型的指针变量,程序就会报错。而且,两个指针变量相减的结果是这两个地址之间元素的个数,而不是地址的个数。因为 1 个字节一个地址,而 1 个元素往往占几个字节。

比如,两个 int 型的指针变量相减,第一个指针变量中存放的地址是 1245036,第二个指针变量中存放的地址是 1245032,那么这两个地址相减得到的是两者之间的元素个数,所以结果是 1,而不是 4。因为 int 型变量占 4 个字节,所以一个 int 元素就占 4 个字节,两个地址之间相差 4 个字节,正好是一个 int 元素的长度。

可以对指针变量进行 ++,--,+ 和 - 四种算术运算。假设 ptr 是一个指向地址 1000 的整型指针,对该指针执行算术运算"ptr++"后,ptr 将指向位置 1004,因为 ptr 每增加一次,它都将指向下一个整数位置,即当前位置往后移 4 个字节。

1. ++ 运算

示例 10-5

```
#include <stdio.h>
```

```c
const int MAX = 3;

int main()
{
    int var[] = {10, 100, 200};
    int  i, *ptr;

    /* 指针中的数组地址 */
    ptr = var;    // 让指针指向数组的第一个元素
    for(i = 0; i < MAX; i++)
    {
        printf("存储地址: var[%d] = %x\n", i, ptr);
        printf("存储值: var[%d] = %d\n", i, *ptr);

        /* 移动到下一个位置 */
        ptr++;    // 指向下一个元素
    }
    return 0;
}
```

上述程序中，通过指针的 ++ 运算，使指针从指向第一个元素到指向最后一个元素，完成数据的遍历。

2. -- 运算

示例 10-6

```c
#include <stdio.h>

const int MAX = 3;

int main()
{
    int var[] = {10, 100, 200};
    int i, *ptr;

    /* 指针中最后一个元素的地址 */
    ptr = &var[MAX-1];
    for(i = MAX; i > 0; i--)
    {

        printf("存储地址: var[%d] = %x\n", i-1, ptr);
        printf("存储值: var[%d] = %d\n", i-1, *ptr);
```

```
        /* 移动到下一个位置 */
        ptr--;
    }
    return 0;
}
```

与前例相反,上述程序让指针最开始指向数组的最后一个元素,然后通过 -- 运算,指向前一个数据元素,循环遍历所有元素。

3. 关系运算

示例 10-7

```
#include <stdio.h>

const int MAX = 3;

int main()
{
    int var[] = {10, 100, 200};
    int i, *ptr;

    /* 指针中第一个元素的地址 */
    ptr = var;
    i = 0;
    while(ptr ≤ &var[MAX - 1])
    {
        printf("Address of var[%d] = %x\n", i, ptr);
        printf("Value of var[%d] = %d\n", i, *ptr);

        /* 指向上一个位置 */
        ptr++;
        i++;
    }
    return 0;
}
```

上述程序主要使用了地址之间的相对关系实现循环遍历。每次进行 ++ 运算,指针向后移动一个元素,同时使该指针变量的地址值加 4,因为一个整型变量占 4 个字节。

4. 减法运算

示例 10-8

```
#include <stdio.h>
```

```
int main()
{
    int *p, *q;
    int k;    //k 用来存放两个地址数相减的结果
    int i = 3, j = 4;
    p = &i;
    q = &j;
    k = p-q;
    printf("p = %d\nq = %d\nk = %d\n", p, q, k);
    return 0;
}
```

相减运算的实际意义是两者间相差元素的个数,而不是相差的地址单元数,所以结果为1。通过以上例子可以发现,指针的算术运算实际上是移动指针,从而能操作一片连续的内存单元。而数组对应的是一片连续的内存单元,因此指针变量的移动常与数组的使用相结合。

注意:指针和指针之间可以进行减法运算,代表相差的元素个数,但地址与地址进行加法、乘法和除法是没有意义的。同时,指针变量做加法时只能加上一个常量,表示向后移动多少个元素。当然,如果是减去一个常量,则表示向前移动多少个元素。

第五节 指针与函数

指针与函数

C 语言本质上是传值调用(call by value)的语言。函数的形参是局部变量,通过传入的实参进行初始化。在函数调用时,若实参是大数据对象,由于需要传递大量的数据,程序运行成本很高,执行效率低。而且,函数不会修改原始变量(调用者的变量),只影响原始变量的复制版本,即修改函数中的局部变量的值。同时,函数只有一个返回值,无法通过函数返回更多改变的值。

示例 10-9

定义如下 swap 函数:

```
/* 函数定义 */
void swap(int x, int y)
{
    int temp;

    temp = x;    /* 保存 x 值 */
    x = y;       /* 将 y 赋值给 x */
    y = temp;    /* 将 temp 赋值给 y */
```

```
    return;
}
```

下面通过传递实际参数来调用 swap 函数：

```
#include <stdio.h>

int main()
{
    /* 局部变量定义 */
    int a = 100;
    int b = 200;

    printf("交换前,a 的值:%d\n", a);
    printf("交换前,b 的值:%d\n", b);

    /* 调用函数来交换值 */
    swap(a, b);

    printf("交换后,a 的值:%d\n", a);
    printf("交换后,b 的值:%d\n", b);

    return 0;
}
```

上述程序运行中，主函数中的 a 和 b 的值并没有交换，原因是这里的函数不会修改原始变量（调用者的变量）。然而，如果函数的实参是变量的地址，那么函数就可以通过指针（即变量的地址）直接获取该原始变量，进而修改原始变量的值。

C 语言提供了传地址调用（call by reference）函数。因为要传两个整型变量的地址，所以接收地址的只能是整型的指针变量，而指针变量的作用是可间接操作其所指向的变量，从而能在子函数中影响主调函数的变量。

要实现主调函数中变量值的交换，swap 函数重新定义为：

示例 10-10

```
void swap(int *p1, int *p2)
{
    int temp;
    temp =*p1;    /* p1 指向 a,相当于将 a 的值保存到 temp 中 */
    *p1=*p2;      /* p2 指向 b,相当于将 b 的值保存到 a 中 */
    *p2= temp;    /* 将 temp 赋值给 b */
    return;
}
```

下面通过传递实际参数来调用 swap 函数：

```c
#include <stdio.h>
int main()
{
    /* 局部变量定义 */
    int a = 100;
    int b = 200;
    printf("交换前,a 的值:%d\n", a);
    printf("交换前,b 的值:%d\n", b);
    /* 调用函数来交换值 */
    swap(&a,&b);
    printf("交换后,a 的值:%d\n", a);
    printf("交换后,b 的值:%d\n", b);
    return 0;
}
```

运行函数，发现交换函数调用后，主函数中输出 a 的值为 200、b 的值为 100。内存操作过程如图 10-6 所示。

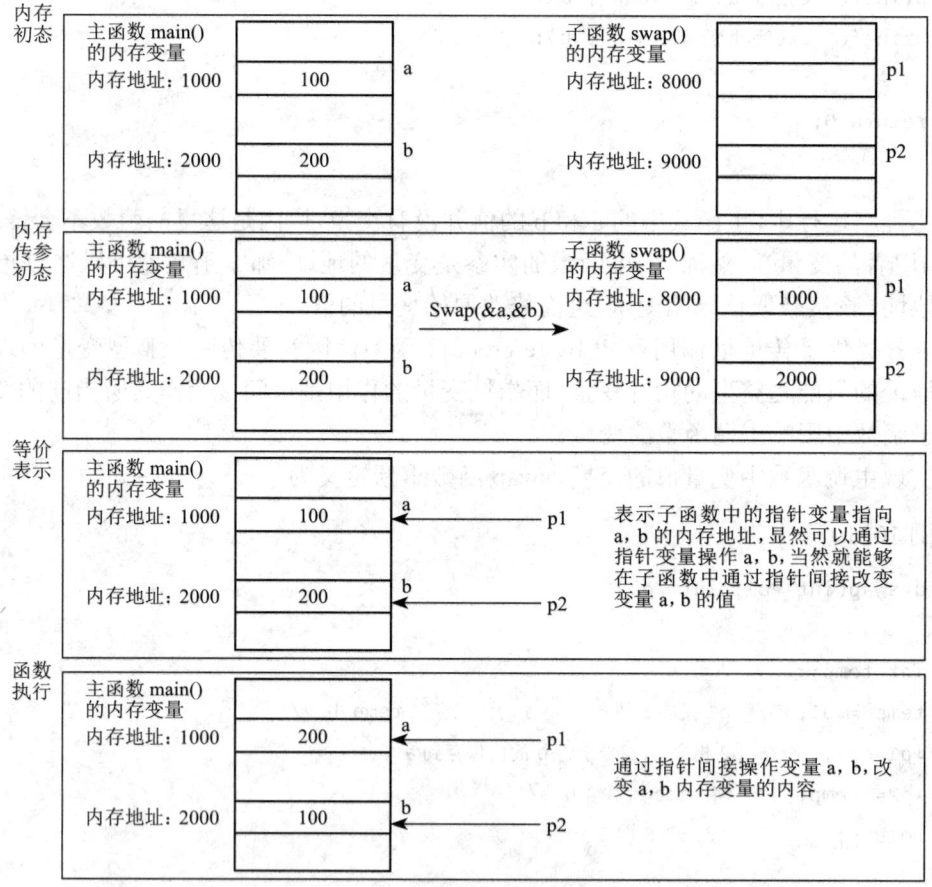

图 10-6　数据交换内存变化图

这个例子说明,传地址的优势之一是可改变多个主调函数的值,相当于实现函数调用后向主调函数返回了多个值的作用。因为函数一次只能给主调函数最多返回一个值,如想实现返回多个值,传地址是一种推荐的方法。

另外,对于前面章节介绍的数组,在函数中操作数组时,如果将数组中的每个值都传递到函数中,由于数据量大,将会造成空间、时间的双重浪费。数组名是一个地址常量,也是一个指针,所以只需要将该数组的地址传入函数中,由函数中的指针变量来接收该地址,该指针变量就能找到数组第一个元素的位置,从而可间接操作这个元素来改变它的值。

更进一步,其他元素怎么操作呢?由本章第四节介绍的指针算术运算可知,当对指针变量进行加 1 运算时,指针变量的值会在原来值的基础上加 sizeof(类型) 个字节,实际上存的就是下一个数组元素的地址。因此,通过指针变量 +i,能使该指针变量存放任何一个数组元素的地址,这样实现传一个整型的地址值就可间接操作整个数组,从而使效率大大提高。

下面的示例是用冒泡法对一个整型数组进行排序。

示例 10-11

```c
#include <stdio.h>
#include <stdlib.h>

void show(int *p,int len)    // 要知道整型数组的地址,所以声明 int *p
{
    int i = 0;
    for(i = 0; i < len; i++)
    {
        printf("%d ",*(p+i));    //p+i 表示第 i 个元素的地址
    }
    printf("\n");
}

void bubble_sort(int *arr,int len)
{
    int j = 0;
    int i = 0;
    int temp;

    for(; i < len - 1; i++)
    {
        for(j = 0; j < len - 1 - i; j++)    //find max
        {
            if(*(arr+j) > *(arr+j+1))
            {
                temp = *(arr+j);
                *(arr+j) = *(arr+j+1);
```

```
                *(arr+j+1) = temp;
            }
        }
    }
}

int main()
{
    int arr[]= {430,78,45,3,8,45,798,65};    // 数组初始化
    
    show(arr,sizeof(arr)/sizeof(int));     // 排序前
    bubble_sort(arr,sizeof(arr)/sizeof(int));    // 排序
    show(arr,sizeof(arr)/sizeof(int));     // 排序后
    
    system("pause");
    return 0;
}
```

数组名本身也代表指针，是一个常量。对于数组 a，可以指针的形式访问，即 "*(a+i)"。函数的定义方式和实现方式改造如下：

示例 10-12

```
#include <stdio.h>
#include <stdlib.h>

void show(int p[],int len)    // 传参后表示该数组首地址与实参数组的首地址相同
{
    int i = 0;
    for(i = 0; i < len; i++)
    {
        printf("%d ",*(p+i));    //p+i 表示第 i 个元素的地址
    }
    printf("\n");
}

void bubble_sort(int arr[],int len)
{
    int j = 0;
    int i = 0;
    int temp;
    
    for(; i < len - 1; i++)
```

```
    {
        for(j = 0; j < len - 1 - i; j++)     //find max
        {
            if(*(arr+j) > *(arr+j+1))
            {
                temp=*(arr+j);
                *(arr+j)=*(arr+j+1);
                *(arr+j+1)=temp;
            }
        }
    }
}
int main()
{
    int arr[]= {430,78,45,3,8,45,798,65};    // 数组初始化

    show(arr,sizeof(arr)/sizeof(int));     // 排序前
    bubble_sort(arr,sizeof(arr)/sizeof(int));    // 排序
    show(arr,sizeof(arr)/sizeof(int));     // 排序后

    system("pause");
    return 0;
}
```

将数组名作为指针进行使用,实现与指针变量相同的效果。数组指针内存操作如图10-7 所示。

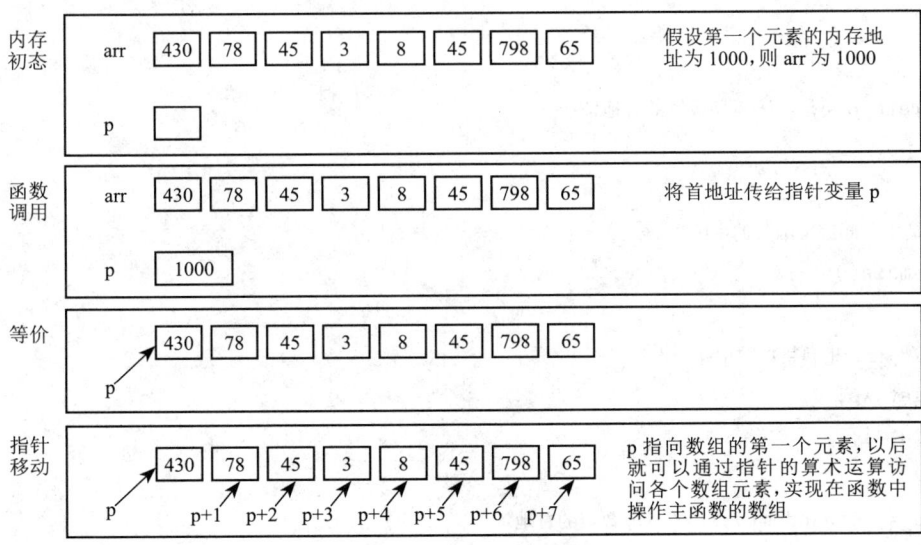

图 10-7　数组指针内存操作图

可将指针作为参数在函数中使用,同时也可将指针作为返回值。由于返回值的类型与函数定义要保持一致,在定义函数时,如要返回地址,则函数的返回类型需要指明是指针类型。例如,需要返回整型指针变量,则定义为:

```c
int *myFunction()
{

}
```

下面的示例将生成一个含有 10 个随机数的数组。

示例 10-13

```c
#include <stdio.h>
#include <time.h>
#include <stdlib.h>

/* 生成和返回随机数的函数 */
int *getRandom()
{
    int r[10];
    int i;

    /* 设置种子 */
    srand((unsigned)time(NULL));
    for(i = 0; i < 10; ++i)
    {
        r[i] = rand();
        printf("%d\n", r[i] );
    }

    return r;   // 返回数组的首地址
}

/* 调用上面定义函数的主函数 */
int main()
{
    /* 一个指向整数的指针 */
    int *p;
    int i;

    p = getRandom();   // 获取数组的首地址
    for( i = 0; i < 10; i++ )
```

```
    {
        printf("*(p + [%d]) : %d\n", i, *(p + i));    // 利用指针变量算术运算遍历数组
    }

    return 0;
}
```

注意："srand((unsigned)time(NULL))"和"rand()"配合使用参数随机数。

第六节　指针与数组

在数组的诸多操作中,最重要的操作是实现对数组元素的访问,常用访问方式是通过数组名和下标索引找到每个元素。由于数组名是一个地址常量,所以也可通过指针变量来访问数组元素。

指针与数组

示例 10-14

```
#include <stdio.h>
int main()
{
    int a[] = {1, 2, 3, 4, 5};
    int *p = &a[0];
    int *q = a;
    printf("*p = %d, *q = %d\n", *p, *q);
    return 0;
}
```

上述程序中定义了一个一维数组 a,它有 5 个元素,即 5 个变量,分别为 a[0]、a[1]、a[2]、a[3]、a[4]。p=&a[0] 表示将 a[0] 的地址放到指针变量 p 中,即指针变量 p 指向数组 a 的第一个元素 a[0]。C 语言中规定,"数组名"是一个指针"常量",表示数组第一个元素的起始地址,故 p=&a[0] 与 q=a 是等价的,都表示指针变量 p 和指针变量 q 指向数组的元素 a[0],所以程序输出的结果中 *p 和 *q 是相等的。

初学者应特别注意,数组名不代表整个数组。q=a 表示的是"将数组 a 的第一个元素的起始地址赋给指针变量 q",而不是"把数组 a 的各元素的地址赋给指针变量 q"。那它为什么又具有操作整个数组的效果呢? 如何使指针变量指向一维数组中的其他元素呢?

指针可以"*(p+i)"的方式访问数组元素,即指针的移动,或称为指针的算术运算。如果指针变量 p 已经指向一维数组的第一个元素,那么 p+1 就表示指向该数组的第二个元素。注意,p+1 不是指向下一个地址,而是指向下一个元素。"下一个地址"和"下一个元素"是不同的。比如 int 型数组中每个元素都占 4 个字节,每个字节都有一个地址,所以 int 型数组中每个元素都有 4 个地址。如果指针变量 p 指向该数组的首地址,那么"下一个地址"表示

的是第一个元素的第二个地址,即 p 往后移一个地址。而"下一个元素"则表示 p 往后移 4 个地址,即第二个元素的首地址。

指针与数组内存关系如图 10-8 所示。这里,p+1 表示的是往后移 4 个地址。但并不是对所有类型的数组,p+1 都表示往后移 4 个地址。p+1 的本质是移到数组下一个元素的地址,所以关键是数组是什么类型。若数组是 char 型,每个元素都占 1 个字节,此时 p+1 就表示往后移一个地址。不同类型的数组,p+1 移动的地址的个数是不同的,但都是移向下一个元素。

如果 p 指向的是第一个元素的地址,那么 *p 表示的就是第一个元素的内容。同样,p+i 表示的是第 i+1 个元素的地址,那么 *(p+i) 就表示第 i+1 个元素的内容,即 p+i 是指向元素 a[i] 的指针,*(p+i) 等价于 a[i]。

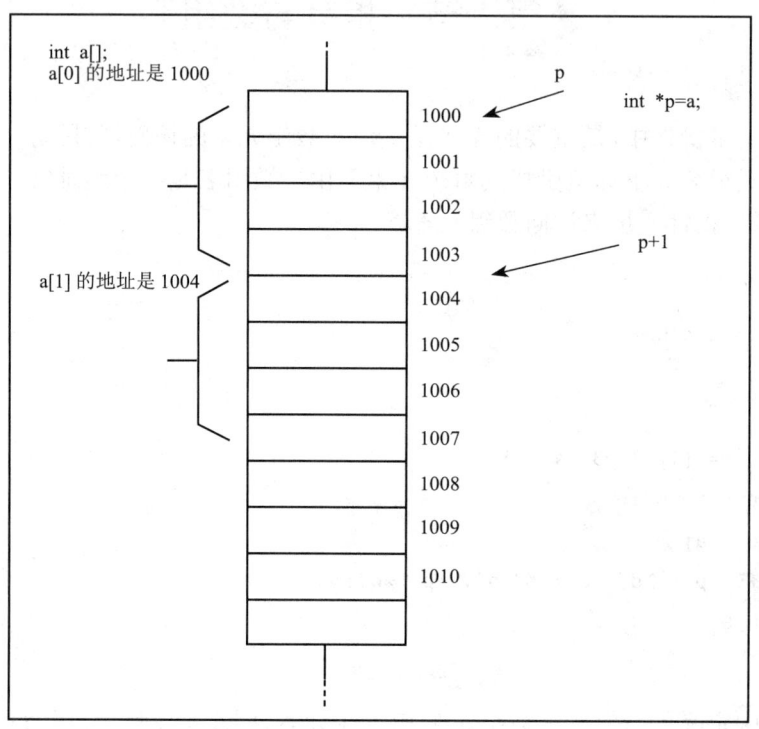

图 10-8　指针与数组内存关系图

示例 10-15

```
#include <stdio.h>
int main()
{
    int a[] = {1, 2, 3, 4, 5};
    int *p;

    p = a;
    p = p + 3;
    printf("*p = %d\n", *p);
    return 0;
```

}

数组名本身代表一个指针,但与指针变量不同的是:指针变量 p 的值可以改变,如 p=p+1,而数组名是一个指针常量,不能修改。例如,a=a+1 的操作是错误的。上述程序可修改为:

示例 10-16

```
#include <stdio.h>
int main()
{
    int a[] = {1, 2, 3, 4, 5};

    printf("a[3] = %d\n", *(a+3));    // 并未改变 a 的值
    return 0;
}
```

注意:*(a+i) 两边的括号不能省略。因为 *a+i 与 *(a+i) 是不等价的,指针运算符"*"的优先级比加法运算符"+"的优先级高,所以 *a+i 相当于 (*a)+i。

数组名 a 表示数组的首地址,a[i] 表示数组第 i+1 个元素,那么如果指针变量 p 也指向这个首地址,可以用 p[i] 表示数组的第 i 个元素吗?实际上,p[i] 与 *(p+i) 是等价的,即"指向数组的"指针变量也可写成"带下标"的形式。也就是说,如果指针变量 p 指向数组 a 的首地址,那么 p+i 和 a+i 是等价的,它们可以互换。

示例 10-17

```
#include <stdio.h>
int main()
{
    int a[] = {2, 5, 8, 7, 4};
    int *p = a;
    printf("*(p+3) = %d, *(a+3) = %d\n", *(p+3), *(a+3));
    return 0;
}
```

上述程序中,由于 p 指向数组的第一个元素,所以 p+3 与 a+3 等价,取值后都输出 7。

从上面例子可以知道,通过指针可实现数组的遍历访问。那么,如何使用函数实现对定义在主函数中数组的操作呢?实际上,要将一个数组从主调函数传到被调函数,只需要传递两个参数就能知道整个数组的信息,即一维数组的首地址(数组名)和数组元素的个数(数组长度)。

示例 10-18

```
#include <stdio.h>

void Output(int *p, int cnt)    /* p 接收首地址,cnt 接收数组元素的个数 */
```

```c
{
    int i=0;
    for(i=0; i<n; i++)   // 数组地址作为循环变量
    {
        printf("%d", *(p+i));
    }
}

int main()
{
    int a[] = {1, 2, 3, 4, 5};
    int b[] = {-5, -9, -8, -7, -4};

    Output(a, 5);
    Output(b, 5);

    printf("\n");
    return 0;
}
```

当然，由于指针之间存在减法运算，代表相差的元素个数，所以也可用另一种指针位置控制循环的方式来编写程序。

示例 10-19

```c
/* 定义一个输出数组的函数 */
void Output(int *p, int cnt)   /* p 接收首地址，cnt 接收数组元素的个数 */
{
    int *a = p;
    for(; p<(a+cnt); ++p)   // 数组地址作为循环变量
    {
        printf("%d", *p);   //p 自增，往后移动，指向每个元素
    }
}

int main()
{
    int a[] = {1, 2, 3, 4, 5};
    int b[] = {-5, -9, -8, -7, -4};
    Output(a, 5);
    Output(b, 5);
    printf("\n");
```

```
        return 0;
}
```

第七节　指针与字符串

字符串的本质是字符数组，故操作字符串往往可按操作数组的方式来理解。

指针与字符串

```
int main()
{
    char str[]="I like C!";
    printf("%s\n",str);
}
```

"I like C !"是一个字符数组，以 '\0' 结尾。当执行 "char str[]="I like C!";" 时，向数组 str 中依次存入字符 "I like C!"，并在最后加上 '\0'。

采用指针来操作字符串有什么区别呢？可将上例进行如下改造：

```
int main()
{
    char *str="I like C!";
    printf("%s\n",str);
}
```

此时，字符串 "I like C!" 仍以字符数组的方式存于内存中，那么当进行 "char *str="I like C!";" 赋值运算时，是不是将字符串 "I like C!" 的值存入 str 呢？不是，因为 str 是指针，不能存放字符，这里实际存放的是字符串数组 "I like C!" 的首地址，即第一个字符的内存地址。

语句 "printf("%s\n",str);" 是格式输出字符串，从 str 代表的第一个字符开始，一直输出到 '\0' 为止。

下面的例子将实现求一个字符串的长度。

示例 10-20

```
#include <stdio.h>

int getStrLen(char *str)
{
    int length = 0;
    while(*str != '\0')
    {
        length++;    // 计数器
```

```
        str++;    // 后移 1 个字符,直到字符串结束
    }
    return length;
}

void main()
{
    char s[100];
    gets(s);    // 传递首地址,使形参 str 指向该数组
    printf("s length is %d",getStrLen(s));
}
```

第八节　指向指针的指针

指向指针的指针是一种多级间接寻址的形式,或者说是一个指针链,如图 10-9 所示。

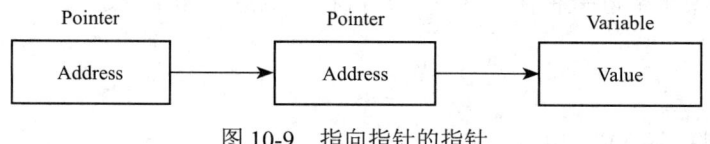

图 10-9　指向指针的指针

通常,一个指针包含一个变量的地址。当定义一个指向指针的指针时,第一个指针包含第二个指针的地址,第二个指针指向包含实际值的位置。

声明一个指向指针的指针变量必须在变量名前放置两个星号。例如,下面的语句声明了一个指向 int 类型指针的指针:

$$int **var;$$

当一个目标值被一个指针间接指向另一个指针时,访问该值需要使用两个星号运算符。

示例 10-21

```
#include <stdio.h>

int main()
{
    int var;
    int *ptr;
    int **pptr;

    var = 3000;
    /* 获取 var 的地址 */
    ptr = &var;
```

```
    /* 使用运算符 & 获取 ptr 的地址 */
    pptr = &ptr;

    /* 使用 pptr 获取值 */
    printf("Value of var = %d\n", var);
    printf("Value available at *ptr = %d\n", *ptr);      // 等价于 var
    printf("Value available at **pptr = %d\n", **pptr);  // 等价于 var，*pptr 等价于 ptr

    return 0;
}
```

第九节　指针实例

本节实例介绍用指针实现字符串拷贝。

- **计算思维**

（1）字符串拷贝中，从源字符串到目的字符串逐一拷贝字符，直到遇到字符串结束标志 '\0' 为止，此时目的字符串还不是字符串，还需在结束位置加上 '\0' 作为字符串结束标志。

（2）字符串拷贝示意如图 10-10 所示。

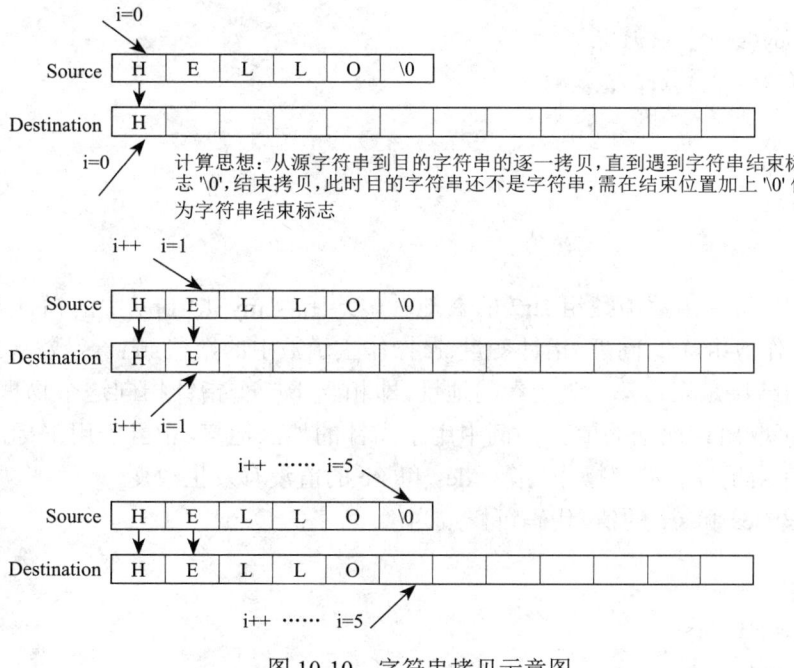

图 10-10　字符串拷贝示意图

- **工程思维**

（1）拷贝可视为一个功能模块，采用函数实现。

（2）在实现拷贝功能时，需要在子函数中修改主函数中目的串的数据，为此传入字符串的首址，实现地址共享，且无需让函数返回值。因此，函数设计为 void myStrCopy(char *des, char *src)。

示例 10-22

```c
void myStrCopy(char *des, char *src)
{
    int i;

    for(i = 0; *(src+i) != '\0'; i++)
    {
            *(des+i) = *(src+i);    // 依次将源字符串的值赋给目的字符串
    }
    *(des+i) = '\0';    // 字符串结束标志
}

int main()
{
    char str1[6] = "HELLO";
    char str2[100];

    myStrCopy(str2, str1);
    printf("%s\n", str2);

    system("pause");
    return 0;
}
```

上述程序中，将主函数中数组 str2 的首地址传给函数 myStrCopy 中的指针变量 des，之后操作 des 即操作数组 str2。同理，指针变量 src 操作主函数中的数组 str1。函数 myStrCopy 中，表达式 des+i 的结果是表示第 i 个元素的地址，即相当于一个指针指向这个物理位置，然后通过 * 运算符可取出该地址的值。该例中用了指针的加法运算，相当于用下标法完成了偏移地址的计算。由于没有赋值操作，指针 des 和 src 的值没有发生改变。

如果要改变 des 和 src 的值，代码可修改为：

示例 10-23

```c
#include <stdio.h>
#include <stdlib.h>


void myStrCopy(char *des, char *src)
```

```c
{
    int *p;

    // 依次将源字符串的值赋给目的字符串
    for(; *src != '\0';)
    {
        *des = *src;
        des++;
        src++;
    }
    *des = '\0';    // 字符串结束标志
}

int main()
{
    char str1[6] = "HELLO";
    char str2[100];

    myStrCopy(str2, str1);
    printf("%s\n", str2);

    system("pause");
    return 0;
}
```

程序执行 myStrCopy(str2, str1) 时，指针变量 des 和 src 分别指向字符串 str2 和 str1 的首地址。遍历时，只要源字符串未结束，就将源字符串的当前字符赋值到目标字符串的当前位置，然后目标字符串和源字符串指针向后移动。重复执行拷贝赋值，直到 src 指向字符串结束标志，此时循环退出。但目标字符串还没有字符串结束标志，通过"*des = '\0';"实现字符串结束标志的添加。

第十节　学生信息管理系统中指针的应用

学生信息管理系统操作界面如图 10-11 所示。系统运行时，首先出现欢迎界面，按任意键后进入登录界面，输入用户名和密码进行验证后弹出主界面。用户在该界面中输入一个功能选项，进入相应的功能界面。假设输入 1，进入学生信息的录入功能。操作完成后，用户可回到主界面，选择其他菜单项，继续运行其他业务，直到用户选择退出程序，程序终止运行。

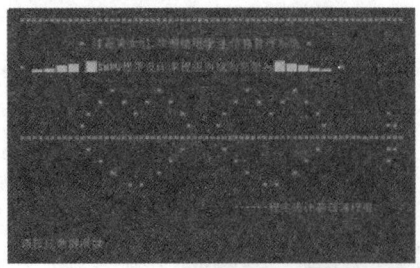
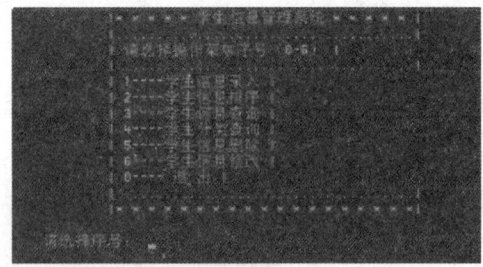

图 10-11　学生信息管理系统操作界面图

在用户有效性验证中,以数组为参数,设计函数 int isUserValid(char userAcount[], char userPassword[]) 进行用户有效性验证,同时借助系统提供的字符串函数 strcmp 进行比较。这两个函数的设计同样可通过指针进行重构。数组名本质上是一个指针,基于此,有效性验证函数重新设计为 int isUserValid(char *userAcount ,char *userPassword),字符串比较函数不使用系统比较函数,可以设计为 int mystrcmp(const char *s1, const char *s2),参数设计为 const,以防止在 mystrcmp 中修改数组的值。

字符串比较程序流程如图 10-12 所示,函数 mystrcmp 和 isUserValid 代码如图 10-13 所示。

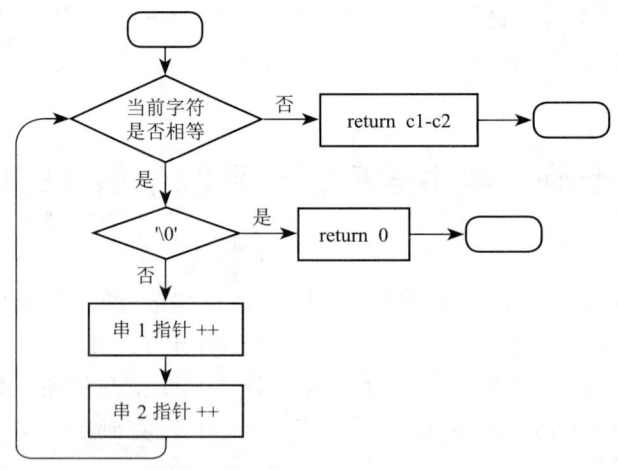

图 10-12　字符串比较程序流程图

```c
int mystrcmp(const char *s1, const char *s2)
{
    while( *s1 == *s2)
    {
        if( *s1 == '\0' ) //在循环中*s1 == *s2,若*s1 == '\0',则*s2也为'\0'
        {
            return 0;
        }
        s1 ++;//若未到字符串结尾,继续遍历直至找到*s1 != *s2时,退出循环
        s2 ++;
    }

    return *s1 - *s2;
}

int isUserValid(char *userAcount ,char *userPassword)
{
    if (mystrcmp(userAcount, "xiaobin") == 0 && mystrcmp(userPassword, "swpu") == 0)
    {
        printf("\t\t欢迎进入系统,请稍候......\n");
        Sleep(1000);
        return 1;//1代表成功
    }
    else
    {
        return 0;//用户名密码错误,登录失败
    }
}
```

图 10-13　函数 mystrcmp 和 isUserValid 代码

本章小结

指针提供了一种间接访问内存的方法,在函数调用时,使用指针变量作参数,可在主函数与子函数之间实现共享内存单元,这样就解决了函数只能返回一个函数值的局限。同时,使用地址传递也避免了大量数据传递带来的效率低的问题。

练 习 题

编程题（使用指针实现）

1. 宾馆有 100 个房间,从 1 到 100 编号,第 1 名服务员把所有的房间门打开,第 2 名服务员把编号为 2 的倍数的房间进行相反处理,第 3 名服务员把编号为 3 的倍数的房间进行相反处理,以后继续这种操作,问第 100 名服务员操作后哪些门是开的。

2. 输入 n 个整数,存放在数组 a[1] 至 a[n] 中,输出最大数所在位置。

3. 输入 10 个正整数,按从小到大排序（冒泡排序）。

4. 约瑟夫问题：N 个人围成一圈,从第 1 个人开始报数,数到 M 的人出圈；再由下一个

人开始报数，数到 M 的人出圈；直到只剩 1 人，输出依次出圈的人的编号。N 和 M 由键盘输入；用指针实现。

5. 输出一个整数序列中与指定数字相同的数的个数。

6. 陶陶家的院子有一颗苹果树，每年都会结 10 个苹果，成熟时他会去摘苹果。他还有一个 30 cm 高的板凳，当他不能用手摘到时就会用这个凳子。现在已经知道 10 个苹果离地面的高度以及陶陶举手能达到的高度，问他能摘到几个苹果。

7. 将一个整数序列逆序排放。

8. 已知一个已经按从小到大排序的数组，该数组中的一个平台就是连续的一串值相同的元素，如 1,2,2,3,3,3,4,5,5,6 中 1,2-2,3-3-3,4,5-5,6 都是平台，最长平台是 3-3-3。请编程求最长平台。

9. 给定含有 n 个整数的序列，对该序列进行去重操作，输出不重复的序列。去重是对于重复出现的数字只保留第一次出现的位置，其他的都删除。

10. 小英是药学专业的大三学生，暑假期间获得了去医院药房实习的机会。在药房实习期间，小英扎实的专业基础获得了医生的一致好评。得知小英在计算概论中取得过好成绩，主任又额外交给他一项任务，解密抗战时期被加密过的一些伤员的名单。经过研究，小英发现了加密规律：原文中所有的字符都在字母表中被循环左移了 3 个位置（dec → abz）；逆序存储（abcd → dcba）；大小写反转（abXY → ABxy）。若给定一个加密的字符串（只含有大小写字母），请给出明文。

11. 输入一行单词序列，相邻单词之间由 1 个或多个空格间隔，请对应计算各单词的长度。没有被空格隔开的符号串都算作单词。

12. 输入一行只包含字母、空格和逗号的句子（其中单词由至少一个连续的字母构成，空格和逗号都是单词间的间隔），输出所有单词及其长度。

13. 输入一个句子，将句子中的每个单词翻转后输出。

14. 给定一个字符串，在字符串中找到第一个连续出现至少 k 次的字符。如在字符串 abcccaaabc 中第一个连续出现 3 次的字符是 c。

15. 编写一个函数，将两个字符串连接起来。

16. 编写一个简单函数，找出两个数中的最大值。函数接口定义为 void findmax(int *px, int *py, int *pmax)。

17. 将输入字符串 t 中从第 m 个字符开始的全部字符复制到字符串 s 中。函数接口定义为 void strmcpy(char *t, int m, char *s)。

18. 编写函数判断给定的一串字符是否为回文。回文是指顺读和倒读都一样的字符串。如"XYZYX"和"xyzzyx"都是回文。函数接口定义为 bool palindrome(char *s)。

第十一章

整体与部分的辩证统一
——结构体

日常生活中经常会使用多个信息来描述一些复杂的数据,如学生信息。按照前面章节介绍的知识,可采用数组的方式来描述多名学生的信息。数据结构设计如下:

```
int id[4]={201801, 201802, 201803, 201804};   // 学号数组
char name[4][16]={"ZhangShan", "LiShi", "WangWu", "TangLiu"};   // 姓名数组
char phone[4][16]={"139...", "138...", "137...", "136...",};   // 电话数组
```

这种方法借助数组并采用表格信息描述学生,虽然能实现描述学生信息的目的,但是存在很多问题:

第一,这种方式表示的信息不直观,因为这些数据项本身具有一定的内在联系,它们是一个整体,都表示同一名学生的信息,但将它们定义成相互独立的数组变量,无法反映它们的内在联系。要获取一名学生的所有相关信息时,查询非常低效。显然,用多个数组信息描述学生信息不是一种好的数据结构设计方式。

第二,如果要描述学生对象的整体性,将分别定义"int id;""char name[16];""char phone[16];"等变量来表示一名学生的信息,但这样只是定义了一名学生。如果要定义第二名学生,就要再写一遍。如果有很多学生,将造成变量的滥用,代码维护将变成灾难。

如能定义一个变量,且该变量正好包含学生的所有信息,即将它们合并成一个整体的对象,则上述问题将得到很好的解决。结构体就是为解决这类问题而产生的。结构体将不同类型的数据按照一定的功能需求进行整体封装,封装的数据类型与大小均可以由用户指定,形成一个用户自定义类型。例如,上述学生用结构体可表示成:

```
struct Student
{
int id;
char name[16];
char phone[16];
};
```

Student 是一种新的结构体类型,是根据用户实际需要自己定义的复合数据类型,即用户自定义数据类型。在结构体 struct Student 中拥有 3 个成员变量,以后可像使用系统数据类型(int,float,double 等)那样声明变量,如"struct Student stu;"或"struct Student student[4];""struct Student *stu;"。

通过结构体创建自定义数据类型,可实现用一个变量表示多个基本数据成员的一种数据结构,可更好地明确数据关系;简化对数据块的操作;简化参数列表;减少维护;符合软件工程的提高开发效率、减少数据维护的思想。

第一节　结构体的定义

为定义结构,必须使用系统关键字 struct。struct 语句定义一个包含多个成员的新的数据类型。struct 语句的常用格式如下:

```
struct YourDefineType
{
    member-list
    member-list
    member-list
    ......
} struct-variable-list;
```

结构类型与结构变量

结构数组

结构指针

YourDefineType 是自定义结构体的类型名称;member-list 是标准的变量定义,如"int no;"或"float score",或其他有效的基本数据类型变量定义;struct-variable-list 是结构变量,定义在结构的末尾,最后一个分号之前。可指定一个或多个结构变量,但注意最后的分号不能少。

因为结构体类型中的成员是由程序员人为定义的,所以结构体类型是由程序员根据研究对象自己定义的数据类型。且声明结构体类型仅仅是声明了一个类型,系统并不为之分配内存,就如同系统不会为类型 int 分配内存一样。只有当使用这个类型定义了变量时,系统才会为变量分配内存。因此,在声明结构体类型时,不可对其中的变量进行初始化。

下面是声明 Student 结构的方式:

```
struct Student
{
int id;
char name[16];
char phone[16];
} student;
```

声明了拥有 3 个成员的结构体,分别为整型的学号、字符串的姓名和字符串的电话号码,同时又声明了结构体变量 student。

当然也可以先声明自定义类型,再使用该类型声明变量。这种方式更符合使用习惯。

```
struct Student
```

```
{
int id;
char name[16];
char phone[16];
};   // 结构体类型的定义
struct Student stu1, stu2[20], *stu3;
```

struct Studen 结构体类型声明了变量 stu1,结构体数组 stu2,结构体指针变量 stu3。

为什么使用结构体时更多地选择这种使用方式呢？因为结构体作为一种自定义用户类型,往往都是在所有函数前面声明该结构体类型,如果在声明类型时就定义变量,这种变量将处于所有函数之外,这种变量就是结构体型的全局变量。在软件开发中,全局变量的使用将引起数据修改的不确定性,容易导致数据错误,出现脏数据,因此在软件工程中不建议使用全局变量。

在函数外声明类型,在函数中定义结构体变量,这是一种局部变量,更容易进行数据维护,保证数据的正确性。且这种类型定义与变量定义的分离更有助于软件的可维护性,因为如果程序规模比较大,往往会将结构体类型的声明集中放到一个以".h"为后缀的头文件中。哪个源文件需要用到此结构体类型,只要用"#include"将该头文件包含到该文件中即可,从而便于程序的修改和使用。

在上面的结构体定义方式中,定义一个结构体类型的指针使用"struct Student *p;",定义一个普通的结构体变量使用"struct Student stu;"。这种使用方式并不人性化,因为过去习惯使用系统类型时直接使用类型名称(如 int),但现在每次都需要加 struct,比较麻烦,且自定义类型阅读也不人性化。为此,常用 typedef 定义结构体别名来定义一个结构体类型:

```
typedef struct Student
{
int id;
char name[16];
char phone[16];
} StudentNode;
```

或

```
struct Student
{
int id;
char name[16];
char phone[16];
};
typedef struct Student StudentNode;
```

这样 StudentNode 就代表这个结构体类型,可用 StudentNode 作为类型声明新的结构体变量:

```
StudentNode stu1, stu2[20], *stu3;
```

注意：结构体只是一个自定义的类型，而不是变量，定义一个新的结构体后并没有给其分配内存。只有定义结构体变量时，系统才为其分配内存。

在计算结构体变量的存储空间时，结构体采用字节对齐策略。如：

```
struct STUDENT
{
    char a;
    int b;
} data;
```

上述结构体变量 data 占多少字节？因为 char 占 1 个字节，int 占 4 个字节，所以共占 5 个字节吗？可使用 sizeof 运算符进行测试。

```
#include <stdio.h>
struct STUDENT
{
    char a;
    int b;
} data;

int main()
{
    printf("%d\n", sizeof(data));
    return 0;
}
```

上述程序输出结果时，data 不是占 5 个字节，而是占 8 个字节。这是因为结构体中采用字节对齐的方式存储，如图 11-1 所示。

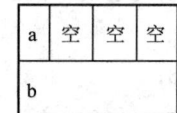

图 11-1　结构体的存储方式

在该方式中，以最大的存储空间为参考对象，不够的将补全。例如，这里的 a 为 char，占 1 个字节，但应以变量 b 整型的参考对象进行补位，所以占 8 个字节。

当然，为避免空间浪费，在对齐存储时会采用凑齐法。如：

```
struct STUDENT
{
    char a;
    char b;
    int c;
} data;
```

上述结构体并不是 a 和 b 都会以 4 个字节来进行对齐，而是采用拼凑为 4 个空间来进行对齐，所以内存空间仍为 8 个字节，如图 11-2 所示。

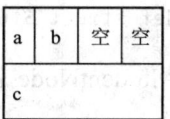

图 11-2　结构体对齐存储时的凑齐法

第二节 结构体的初始化

结构体变量的初始化方式有两种,即在定义时或定义后对结构体变量进行初始化。一般情况下都是在定义时对其进行初始化,因为那样比较方便。在定义结构体变量时对其进行初始化,要用大括号"{}"括起来,然后按结构体类型声明时各项的顺序进行初始化即可。各项之间用逗号分隔。

如果结构体类型中的成员也是一个结构体类型,则要使用若干个"{}"一级一级地找到成员,然后对其进行初始化。

示例 11-1

```
#include <stdio.h>
struct AGE
{
    int year;
    int month;
    int day;
};

struct STUDENT
{
    char name[20];
    int num;
    struct AGE birthday;
    float score;
};

int main()
{
    struct STUDENT student1 = {"小明", 1207041, {1989, 3, 29}, 100};
    return 0;
}
```

struct STUDENT 是一个结构体类型,其成员 birthday 的类型 struct AGE 也是一个结构体类型。结构体变量与数组的初始化相似,只是数据类型可以不一样。

初始化时需要**注意**:使用大括号;末尾加分号;各字段初始值与定义结构体的字段顺序匹配;初始值用逗号隔开。

第三节 结构体成员的访问

结构体变量与各成员之间的直接访问方式为"结构体变量名.成员名";而间接访问方式是通过指向结构体变量的指针变量进行访问,即"指向结构体的指针变量 -> 成员名"。

当一个指针变量用来存结构体变量的地址时就是结构体指针变量,此时该指针指向结构体变量。

例如,定义一个 struct Student 类型的结构体,包含学号(id)、姓名(name)和年龄(age)。

示例 11-2

```
#include <stdio.h>
struct Student
{
    int id;
    char *name;
    int age;
};    // 分号一定不能省

int main()
{
    struct Student stu={1000,"zhangsan",20};   //stu 为 struct Student 类型的变量

    // 直接访问结构体成员方式
    stu.id=88;
    stu.name="zhangsan";
    stu.age=20;
    printf("%d %s %d\n",stu.id,stu.name,stu.age);

    // 间接访问结构体成员方式:
    struct Student *pstu;
    pstu =&stu;   // 实现指向结构体变量
    pstu->id=99;    // 等价的间接访问
    pstu->name ="lisi";
    pstu->age =30;
    printf("%d %s %d\n",stu.id,stu.name,stu.age);
    return 0;
}
```

注意:由于 pstu 指向结构体变量,所以 *pstu 与 stu 是等价的。结构体指针变量访问结

构体变量时，pstu->id 等价于 (*pstu).id，而 (*pstu).id 等价于 stu.id。

在上述例子中，经常涉及对成员变量进行赋值操作，实际上在交换过程中也可通过 scanf 完成结构体成员的赋值。

示例 11-3

```
#include <stdio.h>
struct Student
{
    int id;
    char name[50];
    int age;
};   // 分号一定不能省

int main()
{
    struct Student stu;   //stu 为 struct Student 类型的变量；

    // 直接访问结构体成员方式
    printf("input id name age:\n");
    scanf("%d%s%d",&stu.id,stu.name,&stu.age);

    printf("%d %s %d",stu.id,stu.name,stu.age);

    return 0;
}
```

第四节　结构体用作参数

1. 结构体用作参数

结构体变量不能相加、不能相减，也不能相互乘除，但结构体变量可以相互赋值。也就是说，可将一个结构体变量赋给另一个结构体变量，但前提是这两个结构体变量的结构体类型必须相同。如：

```
StudentNode stu1 = {2018210, "zhangsan", "1892345233"};
StudentNode stu2;
stu2=stu1;
```

这样，stu2 具有与 stu1 相同的数据值。赋值内存操作示意如图 11-3 所示。

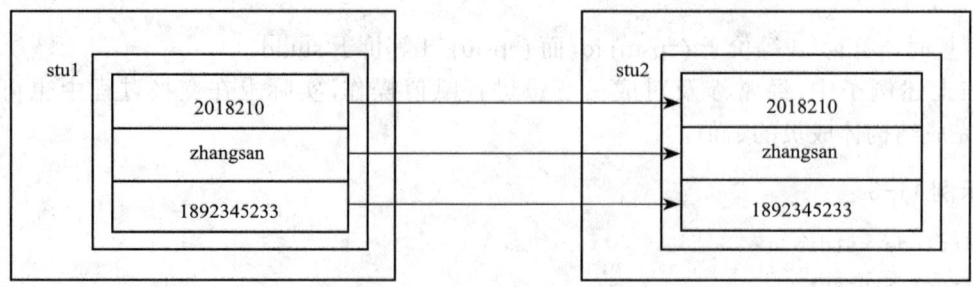

图 11-3 赋值内存操作示意图

在赋值过程中,变量 stu1 分别将其基本元素值传递给 stu2 对应的基本元素,从而利用赋值特性实现结构体的变量参数传递。如:

```
void showStudent(StudentNode stu)
{
    printf("id:%d,name:%s", stu.id, stu.name);
}
```

在该函数中,可通过实参传递一个结构体变量,实现结构体赋值。但是,该方式传递的数据量由 StudentNode 的成员信息量决定,有可能数据量很大,所以常采用传递结构体地址的方式实现参数传递,以提高参数传递效率,减少存储空间的使用。如:

```
void showStudent(StudentNode* stu)
{
    printf("id:%d,name:%s", stu->id, stu->name);
}
```

该函数的实参只需要提供一个结构体变量的地址,在函数中即可操作实参的结构体变量。用传地址方式编写函数,传递效率高。这是因为当定义一个名为 stu 的 StudentNode 结构体类型变量时,系统会给变量 stu 分配内存。分配多少内存呢?至少需要 int id(4 个字节)、char name[16] (16 个字节)、char phone[16] (16 个字节),即 36 个字节。实际上,由于对齐策略,内存容量不止这个数。因此,每次处理该变量或作为参数传递时,对应至少 36 个字节的内存。如定义一个指向 StudentNode 类型的指针,该指针指向结构体的第一个地址,无论对应的结构体多么复杂庞大,该指针都只需要 4 个字节 (32 位) 或 8 个字节 (64 位)。

思考:结构体与数组相似,为什么不能用数组名给数组赋值,而结构体却可以?

2. 结构体值传递

以下是一个结构体值传递示例。

示例 11-4

```
#include <stdio.h>
#include <string.h>

struct Books
{
```

```c
    char title[50];
    char author[50];
    char subject[100];
    int book_id;
};

void printBook(struct Books book)    // 结构体值传递实现赋值
{
    printf("Book title: %s\n", book.title);
    printf("Book author: %s\n", book.author);
    printf("Book subject: %s\n", book.subject);
    printf("Book book_id: %d\n", book.book_id);
}

int main()
{
    struct Books Book1;          /* 声明 Book1,类型为 Books */
    struct Books Book2;          /* 声明 Book2,类型为 Books */

    /* Book1 直接访问初始化 */
    strcpy(Book1.title, "C Programming");
    strcpy(Book1.author, "Nuha Ali");
    strcpy(Book1.subject, "C Programming Tutorial");
    Book1.book_id = 6495407;

    /* Book2 直接访问初始化 */
    strcpy(Book2.title, "Telecom Billing");
    strcpy(Book2.author, "Zara Ali");
    strcpy(Book2.subject, "Telecom Billing Tutorial");
    Book2.book_id = 6495700;

    /* 输出 Book1 信息 */
    printBook(Book1);
    /* 输出 Book2 信息 */
    printBook(Book2);

    return 0;
}
```

思考：用内存图描绘结构体值传递的过程,并分析该方式的不足之处。

3. 结构体指针传递

使用结构体时,可定义指向结构体的指针,方式与定义指向其他类型变量的指针相似,如"struct Books *struct_pointer;",在该指针变量中存储结构变量的地址。为获取结构体变量的地址,可把运算符"&"放在结构名称前,如"struct_pointer = &Book1;"。为使用指向该结构的指针访问结构的成员,可使用运算符"->",如"struct_pointer->title;"。这表明可通过指向结构体变量的结构体指针间接访问结构体变量,当然也就可实现在子函数中利用指针访问主函数的变量。

由于直接采用结构体传递变量会导致数据传送大,浪费存储空间,因此可采用结构体指针优化上述示例。

示例 11-5

```c
#include <stdio.h>
#include <string.h>

struct Books
{
    char title[50];
    char author[50];
    char subject[100];
    int book_id;
};

/* 函数声明 */
void printBook(struct Books *book);

int main()
{
    struct Books Book1;         /* 声明 Book1,类型为 Books */
    struct Books Book2;         /* 声明 Book2,类型为 Books */

    /* Book1 直接访问初始化 */
    strcpy(Book1.title, "C Programming");
    strcpy(Book1.author, "Nuha Ali");
    strcpy(Book1.subject, "C Programming Tutorial");
    Book1.book_id = 6495407;

    /* Book2 直接访问初始化 */
    strcpy(Book2.title, "Telecom Billing");
    strcpy(Book2.author, "Zara Ali");
    strcpy(Book2.subject, "Telecom Billing Tutorial");
```

```
    Book2.book_id = 6495700;

    /* 通过传 Book1 的地址来输出 Book1 信息 */
    printBook(&Book1);
    /* 通过传 Book2 的地址来输出 Book2 信息 */
    printBook(&Book2);
    return 0;
}

void printBook(struct Books *book)    // 接收地址,表现为指向结构体的指针
{
    printf("Book title: %s\n", book->title);
    printf("Book author: %s\n", book->author);
    printf("Book subject: %s\n", book->subject);
    printf("Book book_id: %d\n", book->book_id);
}
```

上述示例中,应注意体会传地址的图形法计算思维图。地址值传递示意如图 11-4 所示。从该过程可以看出,传地址时信息传递量少,且可在子函数中操作主函数内存数据。

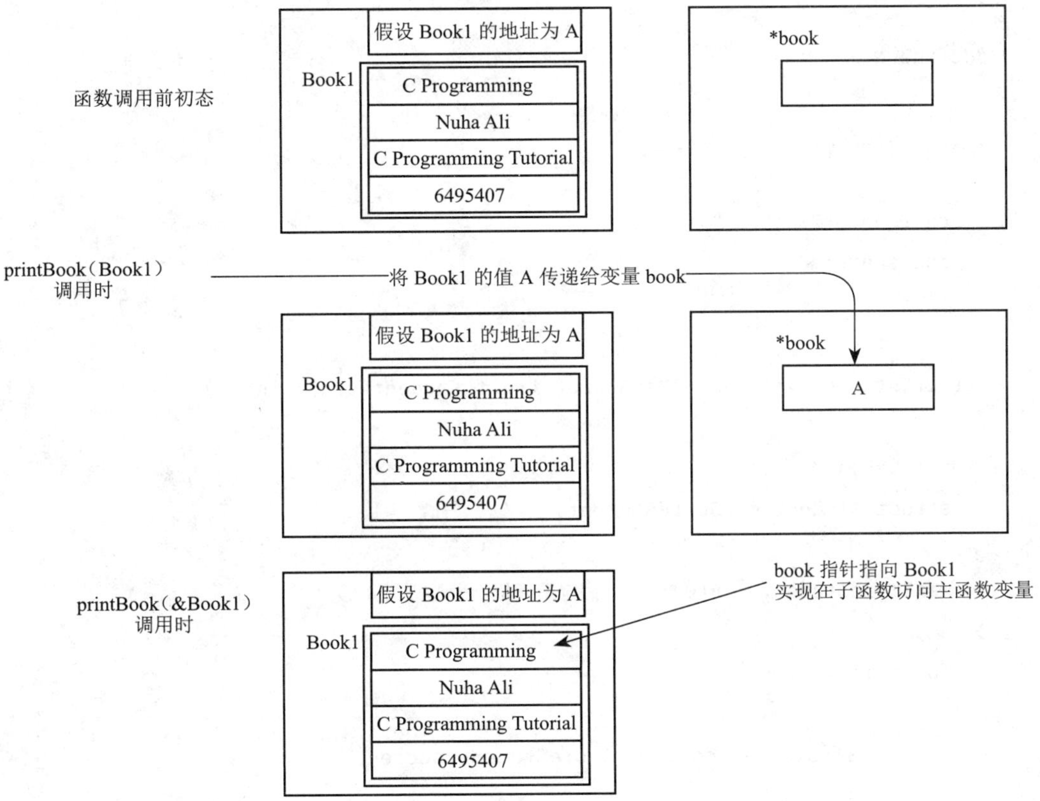

图 11-4 地址值传递示意图

第五节　结构体实例

采用结构体,实现录入若干学生的姓名和成绩,找出成绩最高的学生的姓名和成绩。

● **计算思维**

（1）假定第一位学生的成绩是最高成绩。
（2）遍历所有学生的成绩,如果成绩更高,则修改具有最高分的学生。

● **工程思维**

（1）学生的名字和学生的成绩是两个不同的变量,但本问题需要将这两个离散的变量作为一个整体来进行研究,故采用结构体类型作为自定义类型。
（2）一个功能模块一个函数,采用函数实现寻找最高分学生。
（3）要在给定人数的一组学生中找出最高分的学生,故输入参数是学生数组和学生人数,返回值为最高分的学生。因此,函数设计为 struct student getStudentMaxScore(struct student stu[], int n)。

```c
#include <stdio.h>
#include <stdlib.h>

#define N 3

struct student
{
    char name[20];
    int score;
};

struct student getStudentMaxScore(struct student stu[],int n)
{
    int i=0;
    struct student maxScoreStudent;    // 最高分数学生
    
    maxScoreStudent=stu[0];    // 假定第一位学生是最高分
    
    for(i=1;i<n;i++)
    {
        if(stu[i].score>maxScoreStudent.score)
        {
            maxScoreStudent=stu[i];    // 修改最高分学生
```

```
        }
    }
    return maxScoreStudent;   // 获得最高分学生
}

void main()
{
    struct student stu[N];
    int i=0;
    struct student maxScoreStudent;

    printf("give %d student ini:\n",N);
    for(i=0;i<N;i++)
    {
        scanf("%d",&stu[i].score);
        scanf("%s",stu[i].name);
    }

    maxScoreStudent=getStudentMaxScore(stu,N);

    printf("%s, %d",maxScoreStudent.name,maxScoreStudent.score);

    system("pause");
}
```

第六节 学生信息管理系统中结构体的应用

学生信息管理系统操作界面如图10-11所示。学生信息管理系统运行时，首先出现欢迎界面，按下任意键后进入登录界面，输入用户名和密码进行验证后弹出主界面。用户在该界面中输入一个功能选项，进入相应的功能界面。假设输入1，进入学生信息录入功能。目前并未实现此功能，仅是模拟操作。用户希望录入学生信息，并在系统中记录学生信息。

学生信息管理系统中结构体的应用

1. 学生信息管理系统数据结构分析与设计

学生的学号、姓名、性别和专业等信息都是字符串，因此数据类型都定义为字符数组。然后，定义一个student的结构体类型来封装这些基本信息。对学生信息管理系统而言，需要管理所有学生，如何对所有学生进行存储管理呢？这里考虑单链表的数据结构来管理学生集合。

对学生信息管理系统的单链表数据集合而言，每名学生相当于链表中的一个结点，同时需要通过该节点找到下一个结点的学生，当前学生结点中需要记录下一名学生结点的位置，因此需要设计一个 studentNode 的结点结构体类型。该结构体类型的数据域是一名学生，即"struct student data;"，指针域是一个存放下一个 studentNode 位置的指针，即"struct studentNode* next;"。

学生数据结构设计如图 11-5 所示。

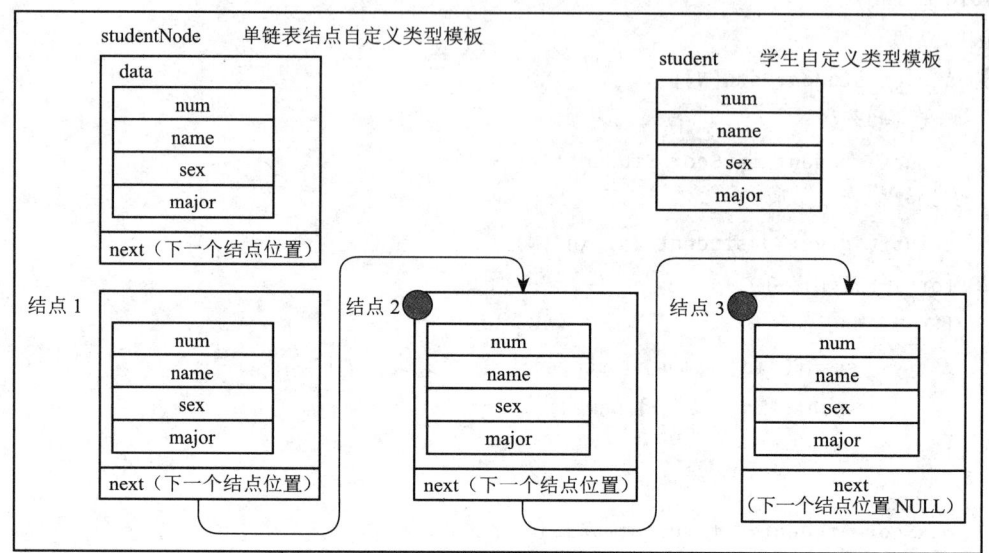

图 11-5　学生数据结构设计图

```
// 学生数据结构设计
#ifndef _STUDENT
#define _STUDENT
// 学生数据结构存储设计
struct student
{
    char num[15];
    char name[12];
    char sex[6];
    char major[20];
};
// 单链表数据结点数据结构设计
struct studentNode
{
    struct student data;
    struct studentNode* next;
};
#endif
```

2. 学生信息管理系统学生抽象数据类型算法分析与设计

对于学生信息管理系统单链表的维护，需要提供链表的创建、结点的插入、结点的创建等抽象数据类型方法。

（1）createList 函数。创建单链表，需要告诉单链表中第一个结点的位置，所以函数的返回类型是 struct studentNode* 的指针类型。

（2）insertNodeByHead 函数。在链表头插入新节点，插入时需要知道链表头的位置和插入的结点信息，故设计 struct studentNode* listHeadNode 和 struct student data 两个参数。

（3）createNode 函数。创建一个新节点，需要给该节点提供一名学生的数据信息，创建完成后还需要知道该节点的位置，故输入参数设计为 struct student data，返回类型设计为 struct studentNode*。

（4）在学生业务操作逻辑中，设计 addstudent 函数完成学生的添加，添加时设计 check 函数进行有效性验证，设计 printList 函数显示学生。

（5）这些业务逻辑都要对链表进行操作，设计的函数需要知道链表的位置，故设计时都定义了结点指针变量 struct studentNode* list，用于传递单链表的头结点位置。

3. 学生信息管理系统分层设计

学生信息管理系统重构分层设计如图 11-6 所示。

以学生和单链表作为数据实体，建立实体层进行管理。实体层在 Student.h 接口中定义自定义数据类型，学生类型和结点类型在 StudentADT.h 接口中声明单链表操作方法。

控制层设计调度函数 main_menu_choose，重构该函数设计，在原来的设计上添加学生链表，通过该参数传递操作的学生信息管理系统的学生链表。

业务逻辑层设计 addstudent，check 和 printList 等函数，进行学生的添加、检查和显示。

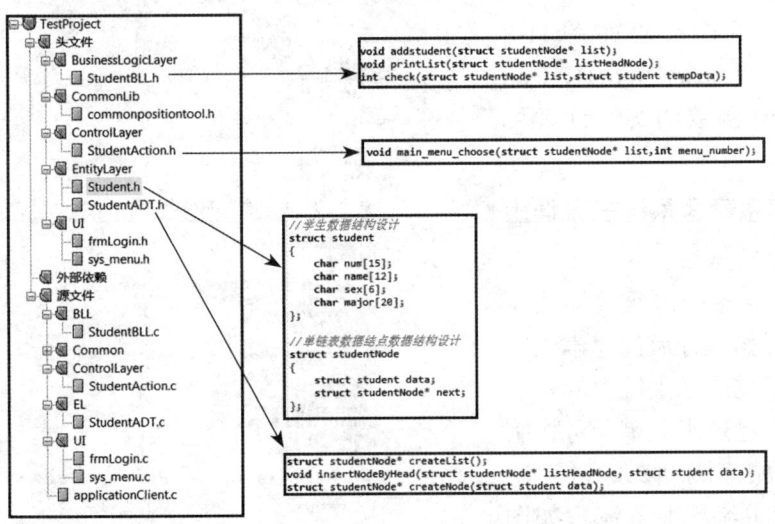

图 11-6　学生信息管理系统重构分层设计图

4. 学生信息管理系统添加学生业务设计与实现

添加学生程序设计流程如图 11-7 所示。添加学生时，首先调用 printList 函数显示已有学生信息，然后录入新的学生信息。调用 check 函数进行学生学号唯一性检查：如果是不存在的学号，表示是新学生，则调用 insertNodeByHead 函数，通过头插法添加新学生，插入后显示插入结果；如果 check 函数检查学号发现已经存在，则提示不合法。录入完成后，提示是否继续录入，选择是则继续录入新学生，否则退出。

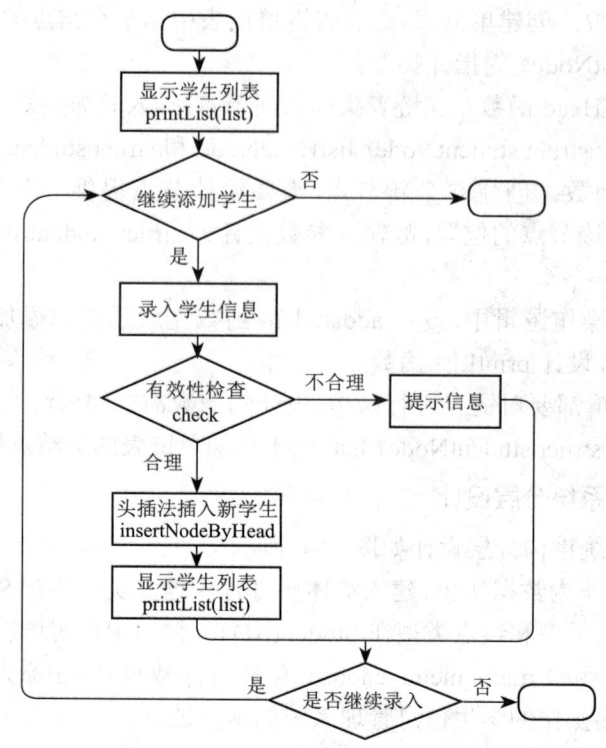

图 11-7　添加学生程序设计流程图

addstudent 函数代码如图 11-8 所示。check 函数、insertNodeByHead 函数和 printList 函数的实现读者可研究完善。

```
void addstudent(struct studentNode* list)
{
    system("cls");
    head_menu();
    printList(list);

    while(1)
    {
        int flag;
        struct student tempData;
        char cContinue;

        printf("\t\t请输入学号,姓名,性别,专业\n");
        scanf("%s %s %s %s", tempData.num, tempData.name, tempData.sex, tempData.major);

        flag=check(list,tempData);
        if(flag==1)
        {
            printf("重复学号不能输入！！！！\n");
            printf("任意键继续\n");
            system("pause");
        }
        else
            insertNodeByHead(list, tempData);

        system("cls");
        head_menu();
        printList(list);
        printf("\t\t是否继续添加学生? Y/N: ");
        getchar();
        scanf("%c",&cContinue);

        if(cContinue=='Y'||cContinue=='y')//可改进，无大小写区别
        {
            continue;
        }
        else
        {
            break;
        }
    }

    printf("\t\t按任意键回到主菜单......");
    system("pause");
}
```

图 11-8　addstudent 函数代码

5. 学生信息管理系统主流程重构设计与实现

加入学生业务后需要重构系统主流程，系统开始运行后创建学生链表，登录系统后完成学生链表的初始化，在主菜单中通过子菜单业务控制完成学生的添加、删除、修改等操作。

重构系统主流程业务流程如图 11-9 所示，重构系统主流程业务流程的部分代码如图 11-10 所示。

系统重构后重新运行系统，首先出现欢迎界面，进入登录页面，输入

正确的用户名和密码后进入系统主菜单,选择1号菜单添加学生,在页面中录入学号、姓名、性别和专业,录入后刷新学生信息页面,显示新的学生信息列表,完成学生添加。学生添加显示运行如图11-11所示。

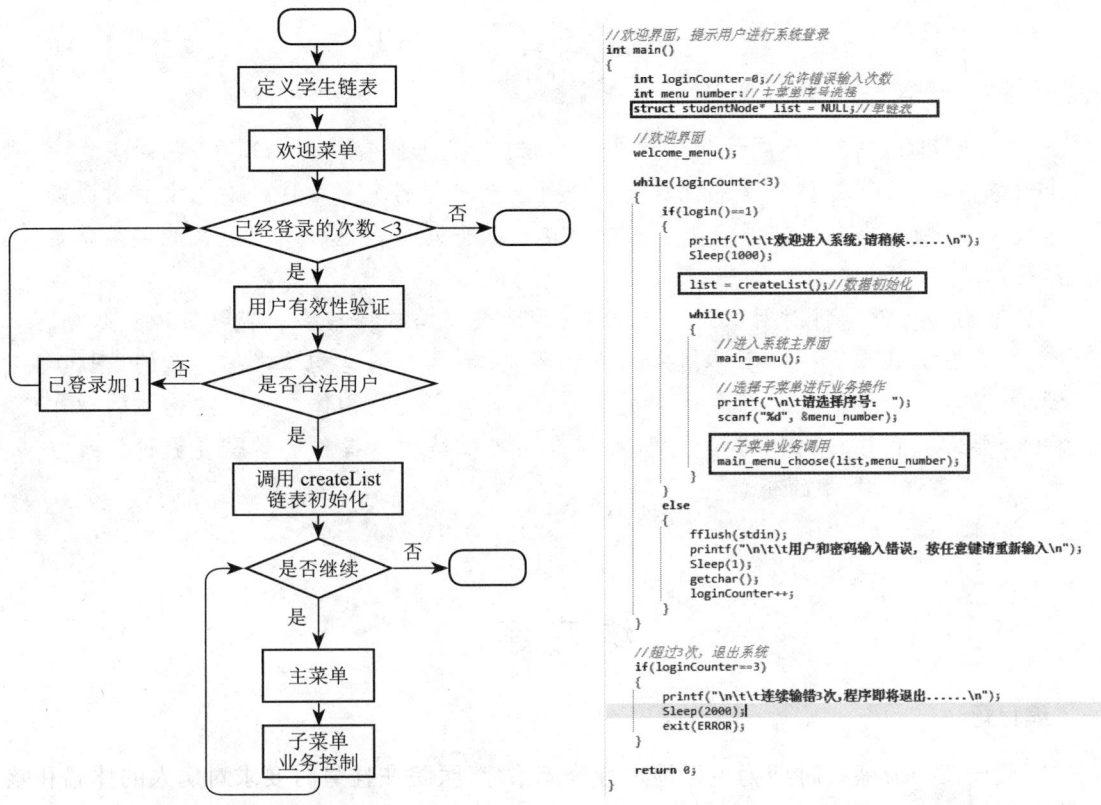

图11-9 重构系统主流程业务流程图　　　图11-10 重构系统主流程业务流程的部分代码

图11-11 学生添加显示运行图

对于上述学生信息管理系统，在系统退出后重新进入系统时可以发现，上次进入系统录入的学生信息丢失了，并没有实现永久存储。为保留上次录入的信息，建议读者学习与文件相关的知识，对程序做进一步的重构改造。

本章小结

当研究的数据是不同性质的数据量，而这些数据间有一定的联系，共同表达一个对象信息时，可将整个信息量看成一个对象来进行研究。如这个对象没有对应的系统类型，则需要自定义用户类型来描述这种数据对象。这个用户定义的类型就是结构体。

结构体操作是针对对象进行的研究，后续数据结构课程中研究链表、栈、队列、树、图等对象都需要一个整体对象来进行研究，都会用到结构体来描述新的数据类型，所以学习者要能分析对象的组成成分，以正确定义结构体。在对结构体的操作中，需要掌握直接访问和间接访问，特别是在实现结构体操作时常需要通过指针方式来访问主调函数中的变量。

练习题

编程题

1. 假设在甲流盛行时期为更好地进行分流治疗，医院在挂号时要求对病人的体温和咳嗽情况进行检查，对体温超过 37.5 ℃（含等于）且咳嗽的病人初步判断为甲流病人。请编程统计某天前来挂号就诊的病人中有多少人被初筛为甲流病人。

2. 一次考试中每名学生的成绩都不相同，现知道每名学生的学号和成绩，求考第 K 名的学生的学号和成绩。

3. 已知班级学生某门课程的成绩单，请按成绩从高到低对成绩单排序输出，如果有相同分数则按名字拼音排序。

4. 请编写程序将登记的病人按以下原则排出看病的先后顺序：

（1）老年人（年龄 $\geqslant$ 60 岁）比非老年人优先看病；

（2）老年人按年龄从大到小的顺序看病，年龄相同的按登记的先后顺序排序；

（3）非老年人按登记的先后顺序看病。

5. 给定 N 名职员的信息，包括姓名、基本工资、浮动工资和个人所得税，编写程序顺序输出每名职员的姓名和实发工资（实发工资 = 基本工资 + 浮动工资 − 个人所得税）。

输入格式：在一行中给出正整数 N，随后 N 行每行给出一名职员的信息，格式为"姓名 基本工资 浮动工资 个人所得税"，中间以空格分隔。其中"姓名"为长度小于 10 的不包含空白字符的非空字符串，其他输入、输出保证在单精度范围内。

输出格式：按照输入顺序，每行输出一名职员的姓名和实发工资，间隔一个空格，工资保留 2 位小数。

6. 给定 N 名学生的基本信息,包括学号(由 5 个数字组成的字符串)、姓名(长度小于 10 的不包含空白字符的非空字符串)和成绩([0,100] 区间内的整数),编写程序计算他们的平均成绩,并顺序输出平均分以下的学生名单。

输入格式:在一行中给出正整数 N($\leqslant 10$),随后 N 行每行给出一名学生的信息,格式为"学号 姓名 成绩",中间以空格分隔。

输出格式:先在一行中输出平均成绩,保留 2 位小数;然后按照输入顺序,每行输出一名平均分以下的学生的姓名和学号,间隔一个空格。

7. 根据输入学生的成绩,编写程序统计并输出学生的平均成绩、最高成绩和最低成绩。建议使用动态内存分配来实现。

输入格式:第一行给出一个正整数 N,表示学生的数量;接下来一行给出 N 名学生的成绩,数字间以空格分隔。

输出格式:

average= 平均成绩

max= 最高成绩

min= 最低成绩

8. 学生信息包括学号、姓名、性别、年龄、得分、地址,其中学号长度不超过 20,姓名长度不超过 40,性别长度为 1,地址长度不超过 40。

输入格式:包括若干行,每行均为一名学生的信息,如"00730018 zhanshan m 18 88 19#306"。输入最后一名学生后以 end 结束。

输出格式:将输入的内容倒序输出,即后输入的先输出,每行显示一名学生信息,包括学号、姓名、性别、年龄、得分、地址。

请按以上要求完成合理的设计并编程实现。

9. 约瑟夫问题:有 n 只猴子,按顺时针方向围成一圈选大王,从 1 到 n 给猴子编号,从第 1 号开始报数,一直数到 m,数到 m 的猴子退出圈外,剩下的猴子再接着从 1 开始报数。圈内最后剩下的一只猴子就是猴王。输入 n 和 m 后,输出最后猴王的编号。

10. 给定 N 个整数,将这些整数中与 M 相等的值删除。请使用链表完成,并显示删除后的整数。

附 录

标准 C

作为一种常用的计算机语言，C 语言被用于各领域，尤其是在单片机与嵌入式开发方面，现阶段有着无可替代的作用。在了解 C 标准前，需先了解自由软件基金会、美国国家标准学会和国际标准化组织 3 个组织。

自由软件基金会是美国的一个民间非营利组织，致力于推进自由软件。Linux 和 GNU 即由该组织维护。美国国家标准学会是美国制定其各类标准的组织（政府组织）。国际标准化组织的作用与美国国家标准协会相似，但该组织的目标更远大，致力于制定国际标准。

GNU C 是自由软件基金会制定的标准，ANSI C 是美国国家标准学会制定的标准，而 ISO C 则是由国际标准化组织制定的标准。当前是一个国际化的时代，标准化不能只是某个国家的标准，国际化的标准通常要由国际标准化组织来制定。我们常说的标准 C 其实是 ISO C，下面统称为标准 C。

大约在 20 世纪 90 年代，美国国家标准学会与国际标准化组织相互接纳吸收对方的标准，所以当前标准 C 与 ANSI C 的标准其实是一样的。GNU C 主要用于 Linux 开发，比标准 C 支持更多的特性，使用起来更加灵活，所以标准 C = ISO C = ANSI C ≠ GNU C。

1983 年，美国国家标准协会组成了一个委员会 X3J11，以创立 C 语言的一套标准。经过漫长而艰苦的过程，该标准于 1989 年完成，并作为 ANSI X3.159-1989 "Programming Language C" 正式生效。这个版本的语言经常被称作 "ANSI C"，有时亦称为 "C89"（为区别 C99）。1990 年，ANSI C 标准（带有一些小改动）被美国国家标准协会采纳为 ISO/IEC 9899:1990。这个版本有时被称为 C90 或 ISO C。因此，C89 和 C90 通常指同一种语言。传统 C 语言到 ANSI/ISO 标准 C 语言的改进包括：增加真正的标准库；新的预处理命令与特性；函数原型允许在函数申明中指定参数类型；一些新的关键字，包括 const、volatile 与 signed 宽字符、宽字符串与字节多字符；对约定规则、声明和类型检查的许多小改动与澄清。

2000 年 3 月，ANSI 采纳了 ISO/IEC 9899:1999 标准。这个标准通常指 C99。C99 新增了一些特性，如：支持不定长的数组，即数组长度可以在运行时决定；变量声明不必放在语句块的开头，for 语句提倡写成 for(int i=0; i<100; ++i) 的形式，即 i 只在 for 语句块内部有效；初始化结构的时候允许对特定的元素赋值；允许编译器化简非常数的表达式；取消函数返回类型默认为 int 的规定。

但各公司对 C99 的支持所表现出来的兴趣不同。当 GCC 和其他一些商业编译器支持

C99 的大部分特性时,微软和 Borland 却似乎对此不感兴趣,而将更多精力放在了 C++ 上。

2011 年 12 月,ANSI 采纳了 ISO/IEC 9899:2011 标准。这个标准即 C11,是 C 语言的最新标准。C11 标准是 C 语言标准的第 3 版(2011 年由 ISO/IEC 发布),其前一个标准版本是 C99 标准。

与 C99 相比,C11 的变化主要是:

(1)对齐处理。alignof(T) 返回 T 的对齐方式,aligned_alloc() 以指定字节和对齐方式分配内存,头文件 <stdalign.h> 定义了这些内容。

(2)_Noreturn。_Noreturn 是函数修饰符,位于在函数返回类型的前面,声明函数无返回值,有些类似 GCC 的 __attribute__((noreturn)),后者在声明语句尾部。

(3)_Generic。_Generic 支持轻量级范型编程,可将一组具有不同类型却有相同功能的函数抽象为一个接口。

(4)_Static_assert()。_Static_assert() 为静态断言,在编译时进行,断言表达式必须是在编译时可计算的表达式,而普通的 assert() 在运行时断言。

(5)安全版本的几个函数。gets_s() 取代了 gets(),原因是后者的 I/O 函数的实际缓冲区大小不确定,以至于发生常见的缓冲区溢出攻击。类似的函数还有其他的。

(6)fopen() 新模式。fopen() 增加了新的创建、打开模式"x",在文件锁中比较常用。

(7)匿名结构体、联合体。

(8)多线程。头文件 <threads.h> 中定义了创建和管理线程的函数,新的存储类修饰符 _Thread_local 限定了变量不能在多线程之间共享。

(9)_Atomic 类型修饰符和头文件 <stdatomic.h>。

(10)改进的 Unicode 支持和头文件 <uchar.h>。

(11)quick_exit()。这是又一种终止程序的方式,当 exit() 失败时用以终止程序。

(12)复数宏,浮点数宏。

(13)time.h 新增 timespec 结构体,时间单位为纳秒(ns),原来的 timeval 结构体时间单位为毫秒(ms)。

C89 头文件

C89 中定义了一些标准的头文件,这些头文件实际上定义了具有相似功能的函数集合,起到一个包或一个文件夹分类的作用。比如,进行数学运算的函数都放在 math.h 中定义。这种定义的好处在于当想实现某种功能时,你自己不想写,而想借助系统库提供的功能来完成,此时你的需求是解决哪类问题,就到对应的这类头文件中寻找可能需要的函数,再查这些函数的帮助文档,了解每个函数的作用以及如何使用。

C89 主要提供如下头文件:

<ctype.h> 字符处理

<errno.h>　错误报告
<float.h>　定义与实现相关的浮点值
<limits.h>　定义与实现相关的各种极限值
<math.h>　数学函数库
<setjmp.h>　支持非局部跳转
<signal.h>　定义信号值
<stdarg.h>　支持可变长度的变元列表
<stddef.h>　定义常用常数
<stdio.h>　支持文件输入和输出
<stdlib.h>　其他各种声明
<string.h>　支持串函数
<time.h>　支持系统时间函数

VS 调试方法

为快速方便地使用 VS 的 IDE 工具，IDE 工具中提供了大量的快捷键方式来辅助进行程序编写和调试。

相关快捷键的名称和作用如下：

（1）按 F9 为添加断点或取消断点（或点击代码行最左边的灰色行）。

（2）调试：F10 为逐过程（不进入函数内部，直接获取函数运行结果）；F11 为逐语句（会进入函数）；如想跳出函数则按 Shift+F11，如对某个函数的使用定义不清楚则按 F12 转到定义。

（3）按 F5 为执行调试，如调试多个断点，按 F5 则执行到下一个断点。

（4）出现箭头表示执行到该语句，但是该语句还未执行。可向上或向下拖动黄色箭头到想要执行的位置（如果监视前面代码，就向上拖到想监视的位置，好处是不用重新调试；如向下的代码过多，想直接跳到某行代码，也可直接将黄色箭头拖到该代码行）。

（5）鼠标悬停，监视变量。鼠标悬停在变量上可监视变量的值，也可点击右键添加监视来监视变量的值，还可输入表达式改变变量的值。添加监视的好处是当变量执行多次时不用一步一步调。结合断点查看变量值，是一种查看程序执行是否正确的非常有效的方法。

（6）按 F6 生成解决方案。

（7）条件断点。为断点写上条件，如条件不成立，会忽略该断点。

（8）VS 支持命令窗口，可通过视图—其他窗口—命令窗口来启动。一旦激活，则可输入不同的命令来自动化调试。

常用 VS 快捷键

F1：帮助。
F3：查找下一个。
F4：属性窗口。
F5：调试。
F6：生成解决方案。
F7：查看代码。
F9：断点。
F10：逐过程调试。
F11：逐语句调试。
F12：转到所调用过程或变量的定义。
Ctrl+F：查找（一般网页上，其他很多地方都适用）。
Ctrl+F：替换。
Ctrl+J：在代码提示没有出现时将码提示调出来。如变量或函数在使用时只想起了前面一个或两个，利用该方法可实现快速录入。
Ctrl+K+D：代码排版。代码有排版的规范，但出现时可能写得很乱，这时可使用此快捷键快速排版，使得代码更容易理解。
Ctrl+ 左右箭头键：一次可移动一个单词。
Ctrl+E+C：注释。
Ctrl+K+C：注释。
Ctrl+E+U：取消注释。
Ctrl+K+U：取消注释。
Tab：增加缩进。

参考文献

[1] 苏小红,王宇颖,孙志岗,等. C语言程序设计[M]. 3版. 北京:高等教育出版社,2015.

[2] 董永建. 信息学奥赛一本通(C++版)[M]. 5版. 北京:科学技术文献出版社,2019.

[3] 杭州百腾教育科技有限公司. PTA程序设计类实验辅助教学平台[Z/OL]. https://www.pintia.cn.

[4] 蔡苏北,范志军. 大话C语言[M]. 北京:清华大学出版社 2020.

[5] 啊哈磊. 啊哈C语言![M]. 北京:电子工业出版社,2017.

[6] 陈兴无. C语言程序设计项目化教程[M]. 武汉:华中科技大学出版社,2009.

[7] 刘振安,刘燕君. C语言解惑[M]. 北京:机械工业出版社,2014.

[8] KING K N. C语言程序设计现代方法[M]. 吕秀锋,黄倩,译. 2版. 北京:人民邮电出版社,2007.